U0799755

绿色丛书
中国水产科学研究院南海水产研究所

南方海水养殖实用技术

喻达辉　吴进锋　张汉华等◎编著

南方日报出版社
NANFANG DAILY PRESS
中国·广州

图书在版编目（CIP）数据

南方海水养殖实用技术／喻达辉等编著．—广州：南方日报出版社，2000（2013.7重印）
（绿色丛书）
ISBN 978-7-80652-117-5

Ⅰ．南…　Ⅱ．喻…　Ⅲ．海水养殖　Ⅳ．S967

中国版本图书馆CIP数据核字（2000）第36621号

南方海水养殖实用技术　　喻达辉等/编著

出版发行：南方日报出版社
地　　址：广州市广州大道中289号
电　　话：（020）83000502
经　　销：全国新华书店
印　　刷：广州市怡升印刷有限公司
开　　本：850 mm×1168 mm　32开
印　　张：6
字　　数：177千字
版　　次：2002年1月第1版
印　　次：2013年7月第2次
定　　价：20.00元

投稿热线：（020）83000503　读者热线：（020）83000502
网址：http：//www.nfdailypress.com/

目 录

第一篇 总 论

第二篇　养殖各论

第一篇　总　论

第一章　广东海水养殖水域述评

第一节　广东重要海水养殖水域概述

广东位处南海之滨，海岸线东起大埕湾，西止英罗港，横跨热带与亚热带区域。大陆海岸线全长3 368公里，是我国海洋大省之一。拥有各类滩涂面积20.42万公顷，沿岸10米等深线以浅海域105.8万公顷，大小港湾130余处。在这些水域中，海洋生物种类众多，在我国海域分布的3 000多种鱼类中，有1 900余种在广东沿海及南海区海域出现。它们中的多数可供食用或工业利用，其中可供增养殖开发的重要对象有150种以上，具有巨大的资源优势。

一、自然条件

1. 气候特征

热量的多寡及其分布，对增养殖业有很大的影响。广东沿海热量丰富，这是渔业自然条件中较突出的有利条件。海岸范围内全年日照时数为1 700～2 550小时，海岸东端最北的南澳县，日照时数2 300小时，珠江口1 900～2 100小时，湛江1 900小时。其中2～4月日照时数较少，7～9月日照时数较多。

广东沿海的气温，受太阳辐射、大气环流、海洋和地形等诸因素的影响。海岸带区域有气温高、冷期短和基本无霜的特点。

年平均气温 21 ℃以上，等温线大致与海岸线平行。

广东沿海雨量充沛，但时空分布和年际变化较大，暴雨多，强度大。各地年平均降雨量在 1 130 ~2 380 毫米。干湿季分明，夏半年多雨，冬半年少雨。冬春季多系锋面降雨，夏秋季主要为热带气旋及台风降雨。

广东沿海季风盛行。秋冬季盛行东北季风，春夏季盛行西南、东南季风，4 月为季风过渡时期。冷空气是冬天影响沿海的主要天气系统，常形成气温骤降并伴随大风的天气。热带气旋及台风是沿海最严重的灾害性天气。

2. 海洋水文特征

水温是影响海水增养殖业的重要水文因素。广东沿海海水温度的变化，主要受气温及沿岸水系的影响。沿海各地年平均水温在 21.2 ~ 24.1 ℃范围内。其中粤东沿海平均水温范围 21.2 ~22.30 ℃，珠江口 23.4 ~23.5 ℃，粤西沿海 23.4 ~24.1 ℃。海水温度季节变化明显，最低水温出现在 2 月，最高水温出现在 7 ~9 月。

海水盐度的变化，主要受径流及沿岸水和外海高盐水相互作用的影响，广东沿岸海水盐度高值可达 34.50‰。河口海域可低至近于完全淡水。一般冬春季海水盐度高，此时正值入海径流的枯水期；夏秋季盐度低，此时正值入海径流的洪水期。河口海域一般盐度低，季节性变化明显。

广东沿海入海河流众多，入海径流携带的悬移物质，成为沿岸滩涂发育及营养物质的主要来源，形成水质肥沃、滩涂广阔的养殖场所。

二、自然资源

本文自然资源限指沿海海岸带水域的浅海（海湾）及滩涂资源。在增养殖渔业中，常依据滩涂的物质组成来划分滩涂的类型，并以主要物质来命名。常归纳为五种类型，即岩滩、珊瑚礁滩、沙滩、泥滩、红树林滩，中间也存在一些过渡类型，如泥沙滩等。

1. 岩滩

多数滩面坡陡且狭窄，少数滩面坡度较缓并堆集许多块石，群。在广东沿海多见于山地台地溺谷海岸区域，多数情况下岩滩与港湾、沙滩交错分布。在大亚湾、南澳、硇洲岛等，岩滩成为主要海岸类型。

2. 珊瑚礁滩

是由造礁石珊瑚和珊瑚碎屑所构成的海岸礁滩，是热带海岸的滩涂类型。珊瑚礁在海洋生态中备受重视，也是采捕和增养殖开发的重要场所。广东大陆沿海连片的珊瑚礁主要见于雷州半岛南部区域，其余地方如大亚湾、大鹏湾、红海湾的某些岬角或海岛也有零星分布。

3. 沙滩

习惯上进一步分为粗沙、中沙、细沙、粉沙滩。广东沿海沙滩分布广，大面积沙滩主要分布于雷州半岛沿岸，在重点规划养殖海湾中，柘林湾、大亚湾、川山群岛、海陵湾、雷州湾、英罗湾都有面积大小不同的沙滩。

4. 泥滩

滩面软、承载力小，一般滩面坡度平缓、滩面宽度大，滩面物质极易为风浪掀起悬浮于水中、不易沉降并随潮流移动，以致海水浑浊。广东沿海泥滩主要分布在深圳湾至镇海湾沿岸。粤东泥滩分布较为零散，连片泥滩主要在韩江、榕江口一带。在柘林湾泥滩宽度最大可达 1 000 米，在红海湾泥滩见于马宫观顶部及长沙湾内，大亚湾泥滩见于范和港水域，海陵湾大堤东西两侧泥滩宽度 1 ~2 公里，磷州湾泥滩见于通明海，宽度可达 2 公里。

5. 红树林滩

红树林是生长在热带、亚热带海岸筒涂上的喜盐性和耐盐性的植物群落。涨潮时被海水淹没，树冠漂荡海面，通常视为海岸的绿色长城，在海洋生态上有重要意义。在广东沿海，红树林滩主要分布在英罗湾、雷州湾、海陵湾、珠江口、大亚湾等地，面积大小不一。

三、重点海湾概况

1. 饶平县柘林湾

(1) 浅海滩涂与水文条件

柘林湾口宽 6. 5 公里、纵深 8 公里、岸线长 43. 2 公里，拥有水域面积5 753公顷、滩涂面积1 360公顷、围垦区7 553公顷。海湾水深大部分1～3米，中间深槽5～8米。潮汐属不规则半日潮，平均潮差1.74米，大潮潮差可达3米以上。

（2）生物资源概况

可供开发的种类有：贝类的褶牡蛎、翡翠贻贝、蛤仔、泥蚶、毛蚶、凸壳肌蛤、波纹巴非蛤、西施舌等；甲壳类的锯缘青蟹；对虾类；鱼类的鲷科鱼类、石斑鱼、鲈、鲻鱼；藻类的紫菜、江蓠等。

2. 南澳县猎屿岛海区

（1）浅海滩涂与水文条件

猎屿岛海区整个范围面积达5.8万亩，其中深澳湾面积为1.125万亩。底质多为泥沙质，滩涂较为平坦。该海区属亚热带海洋季风气候，台风是影响本海区的主要灾害性天气。潮汐属不规则半日潮，平均潮差1.0～1.5米。

（2）生物资源概况

主要经济种类有：鱼类的真鲷、黑鲷、平鲷、黄鳍鲷、鲈鱼及石斑鱼等；甲壳类的锦绣龙虾、杂色龙虾、锯缘青蟹及梭子蟹等；贝类的褶牡蛎、太平洋牡蛎、翡翠贻贝、栉江珧、毛蚶、凸壳肌蛤、巴非蛤、蛤仔等；藻类的长紫菜、小石花菜、匍匐石花菜、海萝、江蓠等。

3. 汕尾市红海湾

（1）浅海滩涂与水文条件

红海湾海岸线长约139公里，海湾半月形，口宽65公里，纵深24公里。10米等深线以浅海域面积3万公顷，滩涂面积2 130公顷。海域范围内有考洲洋、小漠港、鲘门港、后澳湾、长沙湾、马宫港、品清湖、田寮湖等，小海湾。

红海湾属亚热带海洋性气候，年均降雨量1 900毫米。潮汐属不规则半日潮，平均潮差1.1米，最大潮差2.6米。

（2）生物资源概况

贝类主要有翡翠贻贝、蛤仔、四角蛤蜊、泥蚶、结蚶、毛蚶、近江牡蛎、褶牡蛎、波纹巴非蛤、栉江珧、文蛤、西施舌、杂色鲍、蝾螺等；甲壳类主要有锯缘青蟹、梭子蟹、对虾、新对虾、龙虾等；鱼类主要有鲷科鱼类、鲳科鱼类、鲻、鲈、蓝子鱼等；藻类有紫菜、真江蓠、细基江蓠、海萝等。

4. 惠州市大亚湾海区

(1) 浅海滩涂与水文条件

惠州市所辖的大亚湾及红海湾海岸线长227.2公里，岛屿118个，岛岸线长139.3公里。滩涂面积3 518公顷，5米以内浅海面积16 728公顷，5～10米浅海面积18 668公顷。潮汐为不规则半日潮，平均潮差0.83米，最大潮差2.34米。

(2) 生物资源概况

本海区增养殖生物资源种类有：鱼类的真鲷、黑鲷、平鲷、鲈鱼、石斑鱼、鰤鱼、鲻鱼等；甲壳类的墨吉对虾、斑节对虾、日本对虾、新对虾、龙虾；锯缘青蟹及梭子蟹等；贝类的珍珠贝、翡翠贻贝、扇贝、江珧、牡蛎、蚶、鲍、巴非蛤等；棘皮动物的紫海胆等；藻类的江蓠、海萝等。

5. 深圳市大鹏湾海区

(1) 浅海与水文条件

大鹏湾海岸线曲折，长约70多公里，湾口朝东南，口宽9.26公里，纵深18公里，面积约335平方公里。海湾水深20米以浅海域面积约2.64万公顷，其中5米以浅海域面积为2 646公顷。北部湾顶水深8～10米，中部水深18米，湾口水深22～24米。海湾大部分沿岸潮间带狭窄，潮下带浅海底质北部为泥底、南部为沙底、局部为细沙和砾石。为热带海洋性气候，温暖、潮湿。潮汐属不规则半日混合潮、平均潮差1.03米，最大潮差2.57米。

(2) 港湾概况

大鹏湾属深圳市管辖的主要港湾有：南澳湾、土洋湾、盐田湾及沙头角湾等19个湾。

(3) 生物资源概况

大鹏湾海区水产生物资源丰富、种类繁多，以暖水性、适高盐种类为主。可作为增养殖对象的主要种类有：

鱼类：青石斑鱼、鲑点石斑鱼、黄鳍鲷、黑鲷、褐蓝子鱼、黄斑蓝子鱼等。

贝类：毛蚶、胀毛蚶、半扭蚶、粒帽蚶、翡翠贻贝、马氏珠母贝、企鹅珍珠贝、栉江珧、二色裂江珧、旗江珧、华贵栉孔扇贝、长肋日月贝、草莓海菊蛤、日本镜蛤、波纹巴非蛤、杂色鲍、泥东风螺、管角螺、瓜螺等。

甲壳类：墨吉对虾、长毛对虾、日本对虾、刀额新对虾、近缘新对虾及远海梭子蟹等。

棘皮类：糙海参、棕环海参及紫海胆。

藻类：浒苔、匍匐石花菜、鹅肠菜及马尾藻等。

6. 珠海市万山区海域

（1）浅海与水文条件

万山区海岛岸线长 288 公里，海域面积约 3 000 平方公里。潮汐属不正规半日潮，平均潮差 0.85 ~ 0.95 米，最大潮差 1.85 ~ 2.65 米。

（2）港湾概况

万山区海岛众多、岸线曲折，海岸多为岩礁类型，岸缘水较深，海湾有 144 个，海湾平均水深在 9 米以上，海水透明度大，为海水增养殖业的发展提供了良好的自然条件。全区有优良海湾 29 个，面积 983 公顷。

（3）生物资源概况

万山岛附近海域为全省著名的春汛蓝园鲹渔场，担杆、万山一带也是经济虾类的主要渔场。万山海域具有经济价值的鱼类不少于 200 种，捕获物中常见的经济鱼类有 70 多种。

可作为增养殖对象的主要种类有：鱼类的黑鲷、青石斑鱼、褐蓝子鱼、黄斑蓝子鱼、鹦嘴鱼、大鳞舌鳎、半滑舌鳎；贝类的翡翠贻贝、华贵栉孔扇贝、密鳞牡蛎、联珠蚶、光滑河蓝蛤、蝾螺；甲壳类的墨吉对虾、近缘新对虾、哈氏仿对虾等；棘皮类的紫海胆；藻类有广东紫菜、绉紫菜、海萝、鹅肠菜、马尾藻类。

7. 台山市川岛海区

（1）浅海滩涂与水文条件

川岛海区上、下川岛海岸线长分别为 139.87 公里和 82.45 公里，－10 米以内浅海滩涂面积约 10 万公顷。其中滩涂面积 1 700 公顷。川岛属于南亚热带区域，气候温和，雨量充沛，年平均降水量为 2 171.8 毫米。潮汐为不正规半日潮，平均潮差在 1.15～1.48米之间，最大潮差为3.08 米。

（2）港湾概况

川岛可供海水养殖的港湾众多，如上川的公湾、大湾、三洲湾、飞沙滩；下川的王府洲、东湾、泸湾、大涵湾、南澳湾、沙古湾、独湾、竹湾、北风湾、荔枝湾和漭洲等10 多处。

（3）生物资源概况

有翡翠贻贝、泥蚶、文蛤、牡蛎、菲律宾蛤仔、杂色蛤等贝类，墨吉对虾、长毛对虾、斑节对虾、近缘新对虾、青蟹等甲壳类，石斑鱼、鲷科、鲈科、鲻科等鱼类。

8. 阳江市海陵湾海区

（1）浅海滩涂与水文条件

海陵湾大湾套小湾，海湾纵深 32 公里，海岸线长 109 公里。海岸曲折多变，类型多样。海湾 -10 米以内浅海滩涂面积约 1.67 万公顷，其中滩涂面积 0.84 万公顷。为亚热带海洋性气候，潮湿、温暖，雨量充沛。台风是影响本海湾的主要灾害性天气。潮汐属不规则半日潮，平均潮差为 1.40～1.60 米。

（2）生物资源概况

主要经济种类有：鱼类的鲻、大鳞鲻、尖吻鲈、黄鳍鲷、平鲷、中华乌塘鳢、斑鲦等；甲壳类的墨吉对虾、日本对虾、刀额新对虾、短沟对虾、近缘新对虾、锯缘青蟹、远海梭子蟹、红星梭子蟹等；贝类的牡蛎、毛蚶、泥蚶、栉江珧、白荚蛏、文蛤、波纹巴非蛤、翡翠贻贝、凸壳肌蛤、渤海鸭咀蛤、东风螺、棒锥螺等和藻类的真江蓠、细基江蓠、芋根江蓠、粗江蓠等。

9. 水东湾

（1）浅海滩涂与水文条件

水东湾总面积 21 600 公顷，其中滩涂 6 500 公顷，0～5 米水深水域 7 300 公顷，5～10 米水深水域 7 200 公顷。潮汐为不正规半日潮，平均潮差 1.74 米，最大潮差 3.41 米。

（2）生物资源概况

主要种类有鱼类的黄鳍鲷、平鲷、真鲷、笛鲷、石斑鱼、鲻鱼、尖吻鲈、花鲈、蓝子鱼、卵形鲳鲹、中华乌塘鳢等；甲壳类的对虾属、新对虾属、锯缘青蟹、三疣梭子蟹等；贝类的近江牡蛎、褶牡蛎、翡翠贻贝、珠母贝、栉江珧、泥蚶、毛蚶、文蛤、青蛤、寻氏肌蛤、鲍、东风螺等；藻类的江蓠；棘皮动物的紫海胆等。

10. 湛江市雷州湾海区

（1）浅海滩涂与水文条件

雷州湾为台地溺谷湾，海岸线长约285公里。南北沿岸多沙洲，海岸类型多样，多为淤泥质海岸、沙质海岸及红树林海岸。-10米以内浅海滩涂面积约15.79万公顷。潮汐属不规则半日潮。

（2）生物资源概况

主要种类有：近江牡蛎、翡翠贻贝、毛蚶、文蛤、江珧、偏顶蛤、巴非蛤、凸壳肌蛤、杂色鲍、棒锥螺等贝类；墨吉对虾、日本对虾、斑节对虾、刀额新对虾、近缘新对虾、龙虾、锯缘青蟹和梭子蟹等甲壳类；石斑鱼、鲻鱼、鲈鱼、黄鳍鲷、蓝子鱼、中华乌塘鳢、遮目鱼等鱼类；棘皮动物的紫海胆；星虫动物的方格星虫及藻类的细基江蓠、真江蓠、粗江蓠等。

11. 湛江市流沙湾

流沙湾于20世纪60年代初开始发展珍珠人工养殖，80年代以来珍珠养殖业发展很快，成为广东省海水珍珠养殖重要的生产基地，是当地经济发展的重要支柱。

（1）浅海滩涂与水文、气候条件

流沙湾多港叉，内港滩涂广阔。10米等深线浅海面积9 799.8公顷，滩涂面积为6 720.2公顷。潮汐属不规则全日潮，平均潮差1.54米，最大潮差3.35米。

（2）生物资源概况

主要种类有贝类的马氏珠母贝、大珠母贝、企鹅珍珠贝、翡翠贻贝、江珧、文蛤、蝾螺、东风螺等；甲壳类的墨吉对虾、长毛对虾、斑节对虾、日本对虾、近缘新对虾、锯缘青蟹等；鱼类的鮨科、鲷科、鲈科、鲻科等；藻类的江蓠等。

12. 湛江市安铺港海区

（1）浅海滩涂与水文条件

安铺港海域范围的海岸线长达 124 公里，10 米以内浅海滩涂面积 26 183. 6 公顷，其中滩涂面积 13 289. 9 公顷。属廉江市海域范围的海岸线 54 公里，浅海滩涂面积 14 183. 6 公顷；属遂溪县海域范围的海岸线约 70 公里，浅海滩涂面积 12 000 公顷。潮汐属不规则全日潮，平均潮差 3. 5 米，最大潮差 6. 61 米，为粤西海岸最大潮差之处。

（2）生物资源概况

虾类有墨吉对虾、长毛对虾、日本对虾、斑节对虾、近缘新对虾和白虾等；蟹类主要有锯缘青蟹、梭子蟹等；贝类主要有泥蚶、毛蚶、栉江珧、牡蛎、文蛤、杂色蛤、东风螺、凸壳肌蛤、偏顶蛤和大獭蛤等；鱼类有石斑鱼、鲻鱼、黄鳍鲷、鲈、乌塘鳢等；其他还有方格星虫等。

第二节　广东海水养殖简介

一、养殖现状

上世纪 80 年代以来，广东省浅海滩涂养殖业进入了一个飞跃的发展时期，成为沿海地区群众发家致富的重要途径。1998 年，全省海水养殖面积达 17. 1 万公顷，产量 13. 85 万吨。

广东海水养殖的主要特点是种类多，鱼虾贝藻齐全。鱼类方面有鲷科鱼类的真鲷、平鲷、黑鲷、黄鳍鲷等；石斑鱼类的红斑、青斑、芝麻斑、巨石斑等；其他鱼类如红由（紫红笛鲷）、章红（鮸鱼）、卵形鲳鲹、花鲈、尖吻鲈等，以及近年发展起来的军曹鱼、花尾胡椒鲷、斜带髭鲷、黄姑鱼等好几十种。虾类有斑节对虾、中国对虾、长毛对虾、墨吉对虾、近缘新对虾等。贝类有牡蛎、贻贝、泥蚶、文蛤、鲍鱼、珍珠贝类等。藻类主要有江蓠、麒麟菜等。

鱼类的养殖包括网箱养殖和池塘养殖。网箱养殖发展于上世纪 80 年代，是海湾养殖的主体产业之一。主要网箱养殖基地有深澳湾、柘林湾、大亚湾、川山群岛沙堤港、海陵湾、湛江港等。1995 年全省网箱数 10. 54 万个，面积 88. 9 万平方米，产量 1. 67 万吨，1996 年全省网箱数 10. 92 万个，面积 106. 63 万平方米，产量 1. 98 万吨。阳江闸坡养殖户杨国平 1996 年网箱养鱼每箱纯利达到 1. 94 万元，硇洲岛沉箱养鱼每箱纯利高达 11. 6 万元。池塘养殖主要集中在珠江口地区，养殖品种主要是鲈鱼类等咸淡水品种。

对虾养殖是上世纪 80 年代发展的养殖产业，目前的主要养殖对象是斑节对虾和南美白对虾（凡纳对虾）。主要养殖基地是湛江、阳江、饶平等地，其次是深圳、惠州等地。1995 年全省养殖面积 1. 77 万公顷，产量 2. 09 万吨。1996 年全省养殖面积 2. 13 万公顷，产量 2. 06 万吨。

牡蛎养殖主要是近江牡蛎，是我省贝类的传统养殖品种之一。在传统滩涂石块及水泥附着器养殖的基础上，开发了多种类型的吊养。1995 年全省养殖面积 2. 15 万公顷，产量 4. 29 万吨。1996 年全省养殖面积 2. 2 万公顷，产量 5. 58 万吨。近年又引进了优良新品种太平洋牡蛎，形成了广东牡蛎养殖业的新基地，开拓了新的养殖区，亩纯利可达 4 500 元。海陵湾桩架吊养牡蛎的发展，建立了牡蛎养殖业不同阶段按专业养殖分工的养殖体系，亩纯利高达 6 000 元（程村）。水东湾的褶牡蛎吊养，显著地提高了产量，亩纯利达到 6 100 元（电白）。柘林湾和南澳岛的太平洋牡蛎及褶牡蛎筏式养殖也有很好的发展势头。

泥蚶也是广东省沿海传统海水养殖品种。1995 年全省养殖面积 0. 268 万公顷，产量 1. 63 万吨。1996 年全省养殖面积 0. 287 万公顷，产量 2. 02 万吨。海陵湾沿岸滩涂，已成为广东省泥蚶养殖重要区域。海陵镇一些养殖专业户养蚶亩纯利高达 1. 7 ~ 2. 0 万元。

翡翠贻贝的养殖在上世纪 80 年代后期进入规模化发展，1995 年全省养殖面积 3 074 公顷，产量 3. 49 万吨。1996 年全省养殖面积 3 182 公顷，产量 4. 03 万吨。以筏式养殖为主，也有不同类型的桩式养殖。在柘林湾、川山群岛等地，成为当地海水养殖开发的主体养殖产业之一。

珍珠贝养殖主要集中在粤西流沙湾，养殖品种主要是马氏贝。流沙镇80%的家庭从事珍珠养殖，96年人均收入达1 950元，成为富裕之镇。

鲍工厂化养殖是上世纪90年代新兴的养殖产业，建立了完整的种苗培育及成鲍养殖系统。1995年，全省鲍的养殖产量为51.55吨。1996年全省有从事鲍工厂化养殖的企业42个，育苗、养殖水体16.41万立方米，养殖产量302吨。以汕尾市红海湾沿岸为先导区域，已建立21个养殖企业，育苗养殖水体10.73万立方米，养殖产量238吨。1999年全省沿海有养鲍场85个，养殖水体25万立方米，产量达1 697吨。

其他贝类，如文蛤、花蛤、巴非蛤、江珧、扇贝等也有不同规模的养殖。

此外，随着鲍鱼养殖的发展，作为鲍鱼饵料的江蓠栽培也受到重视。

二、前景展望

海湾、浅海、滩涂养殖已取得了很大的发展，但也仍有很多可利用的场所，有很多可供发展的新对象，养殖技术在不断进步。

网箱养殖在养殖技术及养殖种类开发方面，都尚有一定潜力。如引进抗风浪网箱，开发船式养殖结构，以开拓外海开阔水域。万山群岛网箱养殖已注意了这一方向，采取了向外深水海域发展的措施。养殖种类近年开发了花尾胡椒鲷、斜带髭鲷、军曹鱼、黄姑鱼等，有很多新种可供开发。

对虾养殖目前虽然出现了暴发性流行病害，但斑节对虾仍然是主要养殖对象，其主导地位在相当长的时间内难以动摇。在养殖技术方面应发展健康、高效、节水的养殖模式。目前又引进了新品种南美白对虾，值得注意。

贝类养殖方面，牡蛎仍是大宗养殖对象，生产基础好，市场容量也较大。在养殖技术方面应以发展不同类型的吊养为主，同时应积极引进新种，拓展养殖区，改进产品的形态，提高产量和质量，使传统养殖业得到新的发展。如发展单体或多倍体牡蛎新品种养殖，是牡蛎养殖业发展的一个方向。单体牡蛎以其优质鲜美、可供生食的特点，在国际鲜活牡蛎市场上很畅销，也是欧、美、日本的主要消费产品。广东牡蛎养殖业要维持持续、高效的发展，一定要努力开拓国际市场，单体牡蛎的养殖是途径之一。

广东的鲍工厂化养殖虽然取得了很大的成绩，但不是广东鲍养殖唯一的发展方向，在宏观管理上，要鼓励鲍养殖业多元化发展。礁滩（坪）投苗养殖、沉箱养殖、筏式养殖等均应予以重视。鲍养殖还应充分利用当地的自然资源条件，因地制宜地发展。发展工厂化养殖的地区，也要鼓励饵料藻类养殖业的发展，或建立人工饵料生产体系。

在新品种方面可供开发的还有西施舌和东风螺等。

海水养殖业的发展，要充分注意开发与环境保护相结合，适度开发。开发的规模，要控制在海湾养殖容纳量的适度范围内。适度开发，归根到底是海水养殖业本身持续发展的要求。盲目开发、过度开发，终将危害养殖业本身。尤其在海湾水域，适度开发和持续发展的依存关系甚为敏感，也很脆弱。为此，海湾开发的宏观决策，要有确定的宏观控制规模，包括海岸区域的水池养殖面积规模、滩涂养殖面积规模、浅海各类筏式养殖的面积规模，以及各自的养殖种群密度等。

第三节　重要海水水质因子与调控措施

1. 盐度　海水盐度是指 1 000 克海水中所含有的绝大部分盐类总重量（克），用 S‰符号表示，如 30‰，表示 1 000 克海水中有 30 克盐。盐度的测量可用盐度计和比重计，盐度和比重的换算关系见附录一。由于比重计是玻璃制品，生产中容易损坏，用盐度计较好，其中国产的有四川产的手持式盐度计。

海水盐度是变化的。不同海区，不同水深，不同时间，其盐度在不断变化。一般规律是，近岸盐度变化大、盐度较低，外海盐度较高、变化小；水表层盐度变化大，水越深变化越小；冬季盐度高，夏季盐度低。在中国海区中，南海是盐度最高的一个海区，平均盐度约 34‰。

盐度的变化与水温、大气压等关系密切。水温高盐度低，大气压高盐度高。如果在相邻水层的盐度变化较大时，则称为盐度跃层。盐度跃层对生物的影响很大，盐度跃层阻碍了氧气的交换，使跃层下面的水体缺氧。浅海区一般不大容易出现盐度跃层，但在养殖密集的海区海流交换很差时可能会发生。在池塘养殖中则应注意，下暴雨时可能会出现盐度跃层。因为淡水比海水轻，浮在上面，形成低盐水层，即盐度跃层，影响气体交换。

不少生物对海水盐度的变化比较敏感。盐度的高低，影响到生物体的渗透压，因而直接影响到这些生物的生存。不同生物对盐度的适应能力不同，根据这种特征可将它们分为广盐性（能够适应的盐度范围较大）和狭盐性（能够适应的盐度范围较窄）。一般河口海区的生物多为广盐性种类，外海的多为狭盐性种类。对于养殖来讲，盐度的变化过于频繁是不利的，它将会影响养殖对象的生长甚至成活。

2. 温度　水温也是一个很重要的水环境参数，它不仅对生物有直接的影响，而且也会影响到水体的理化性质。一般讲，海水的年平均温度比大气的年平均温度高。如大洋表层水的年平均温度为 17.4 ℃，地表年平均气温 14.4 ℃。

水温随气温而变化，因而出现季节变化和昼夜变化，年变化中一般 1 月份水温最低，7、8 月份最高；日变化中，下午 2 ~ 3 点水温最高，天亮前最低。一般近岸水体温度变化大，外海水温变化小；小水体温度变化大，大水体温度变化小；表层水温变化大，底层水温变化小。

了解池塘水体水温的垂直分布和变化规律有助于养殖生产管理。池塘水体的混合主要靠风力和对流。在风力作用下，水体产生波浪和水流，使上下水层充分交换；另外，由于温度的作用，水体比重发生变化，因而产生上下水层对流，使水体充分混合。水体混合均匀，它的氧气、温度等分布才均匀，这样才有利于养殖生物的成活和生长。一般情况下，池塘表面水体温度白天上升较快，但向下传递慢（与水深有关）。因此表层水温高，浮游植物生长活跃，溶氧含量高。晚上，表层水温下降，密度变大，产生向下的对流，使表层溶氧高、温度高的水向底层流动，整个水体逐渐混合均匀，有利于底层生物生长。由于下午 2 ~ 3 点水温最高，如果此时进行人工混合，如开动增氧水车等，将使底层水的温度和溶氧得到更好的改善，可促进养殖生物的生长。

3. 溶解氧　溶解于水中的氧气（O_2）称溶解氧，或简称溶氧（DO）。溶氧是决定养殖密度的关键因素。溶氧的来源主要是水生植物（主要是浮游植物）光合作用产生，其次是空气中氧气的溶解。水中溶氧的消耗主要是水生生物的呼吸作用、有机物的分解和逸出水体到空气中。白天光合作用强，溶氧增加快，下午2~4点达到最大。晚上只有呼吸作用，溶氧下降，至黎明前降至最低。此时池塘养殖中易产生缺氧“浮头”现象。浮游植物越多，白天溶氧就越大；养殖生物越多，晚上溶氧就越低，养殖的鱼、虾、贝、藻等都需要一定浓度的溶氧，溶氧过低就会引起窒息死亡。不同生物所能适应的最低溶解氧浓度是不一样的。因此，在养殖生产中必须注意溶氧的变化，即时采取措施，防止养殖对象死亡事故的发生。

改善池塘溶氧状况的措施：（1）预防措施：在一天中溶氧最高时开动增氧机，使水体充分混合，提高整个水体的溶氧含量；溶氧降低到一定程度后应即时开动增氧机增氧；日常管理中，如发现有机物含量过多时施用一定浓度的生石灰；冲水，当溶氧较低时将外面溶氧较高的海水抽入，在冲的过程中本身也会溶解一部分空气中的氧，使池水溶氧得到一定的补充。（2）急救措施：冲水，方法和原理同上，在鱼等缺氧浮头时，冲入新鲜海水可以使浮头现象得到缓解，这是一种很有效的方法；化学增氧剂增氧。

在海水网箱养殖中，一般不会出现溶氧缺乏的情况，但有时也可能造成局部缺氧，如养殖密度过高，网眼又过小，海区网箱密度过大，布局混乱，使水交换不畅，同时油污染严重，水表面浮盖厚厚油层。海水网箱养殖的鱼类大多数对溶氧要求高，溶氧低时虽不致于造成死亡，但对生长有影响，也容易导致疾病发生。因此，网箱养殖也要监测和记录溶氧的变化情况，出现不利情况即时采取对策。

4. pH 值　水体的酸碱性用 pH 值表示，其值的范围为 1 ~ 14，其中 pH = 7 为中性，pH < 7 为酸性，pH > 7 为碱性，大部分生物一般都生活在 pH 8.5 以下的弱碱性环境。海水的 pH 值一般在 8.0 左右，但在红树林地带的土壤呈强酸性，相应的水体 pH 值也会受到影响，尤其是红树林滩涂开垦的池塘 pH 值较低，须特别留意监测。

水中 pH 值具有明显的周日变化和垂直分层现象，并与二氧化碳（CO_2）的变化相关。白天水中植物光合作用强，吸收 CO_2，因而 pH 值升高，下午 3～4 点升至最高。晚上光合作用停止，仅有呼吸作用，放出 CO_2，使 pH 值下降，至黎明前降至最低。夏季光合作用强，pH 值高，冬季则相反。一般水体表层 pH 值较高，变化大，底层则相反。

pH 值的高低，既对水体中的生物有影响，又对水体的理化性质有影响。如在酸性条件下，硫化物大部分以硫化氢（H_2S）的形式存在。硫化物都有毒，而以硫化氢毒性最强。氨（NH_3）的毒性也很强，溶于水中以铵离子（NH_4^+）形式存在时毒性弱，但在 pH 值较高时主要以非离子氨的形式存在，国家渔业水质标准规定非离子氨浓度≤0.02 mg/L。此外，pH 值的变化还对其他离子有影响，pH 值降低则重金属离子的毒性增强。pH 值过低对水生生物不利。在酸性环境中，细菌、藻类和浮游动物等的发育受到影响，硝化过程和有机物分解速率受到抑制，物质循环减弱，光合作用不强。酸性水可使鱼类血液 pH 值下降，载氧能力降低，尽管水中氧含量高也会浮头，同时新陈代谢降低，摄食少，消化差，生长受到抑制。pH 值过高对鱼体也不利，具有腐蚀作用。一般高产池塘的 pH 值为中性至弱碱性（6.5～8.5）。水质偏酸需施用生石灰进行改良。

5. 透明度　透明度是表示海水的能见程度。测量方法是用直径 30 厘米的白板或黑白板垂直沉入水中，直到刚刚看不见白板的深度即为透明度。透明度的大小主要与水中悬浮物质的多少有关。这些悬浮物质包括浮游生物、微生物、有机碎屑、泥沙等。透明度大，说明水体比较清、比较瘦，透明度小，则说明水体比较浊、比较肥。水体太瘦，一般不适宜养鱼。水体太肥，对养鱼也不利。一般网箱养殖的水体透明度宜在 100 厘米以上，池塘养殖宜在 30～40 厘米之间。

6. 碱度　碱度是指水中所含的能与强酸发生中和作用的全

部物质。水体中碱性物质主要包括碳酸氢根（HCO_3^-）、碳酸根（CO_3^-）、硼酸盐和氢氧根（OH^-），它们的量的变化会影响到 pH 值的变化。分开计算则分别称为重碳酸盐碱度、碳酸盐碱度、硼酸盐碱度和氢氧化物碱度，合并计算则称为总碱度。海水的碱度主要包括碳酸盐碱度（$HCO_3^- + CO_3^-$）和硼酸盐碱度。常以符号 A1k 表示，单位为 mmol/L 几。其他表示方法有毫克当量/升、毫克碳酸钙/升和德国度。其换算关系如下：

1 毫克当量/升 =50. 05 毫克 $CaCO_3$/升 =2. 804 德国度（°H）

碱度对鱼类和其他水生生物的生长和水本生产性能均有显著影响，主要是通过调节水中 CO_2 为水生植物光合作用提供碳源，同时调节 pH 值使之稳定在生物生长需要的范围内。一般碱度在 1. 5 ~3. 5 毫克当量/升范围比较合适。碱度过低则水体太瘦、生产力低，过高对大部分生物有毒性。

7. 硬度　水体中钙、镁离子是天然水体硬度的主要成分。钙离子构成钙硬度，镁离子构成镁硬度，各硬度之和为总硬度。淡水中钙含量大于镁，海水中镁含量大于钙。

钙和镁是生物必不可少的营养元素，不仅是动物骨骼和植物细胞壁的重要组成成分，而且还参与体内新陈代谢的调节。钙含量不足，会限制水体的生产力。钙浓度的增加，可降低重金属离子对生物的毒性。钙还能稳定土壤的 pH 值，保持底泥的通透性，促进固氮作用及微生物活动，加快有机物的矿化和释放，加速营养元素的循环，从而提高水体生产力，镁是植物叶绿素的重要组成成分。镁含量不足，会影响藻类的代谢，限制藻类的生长繁殖。

硬度单位和碱度单位一样，有三种表示法：（1）mmol/L；（2）德国度（°H）；（3）$mgCaCO_3$/L。换算关系为：

1mmol/L =2. 804°H =50. 05 $mgCaOCO_3$/L

天然水的硬度按其大小分为 5 类：0° ~4°为很软水，4° ~8°为软水，8° ~16°为中等硬水，16° ~30°为硬水，30°以上为很硬水。养殖水体中钙含量应在 3 毫克/升以上，淡水鱼类适宜总硬度为 5° ~8°，海水鱼类为 8° ~12°。

8. 营养盐　海水中所含各种营养盐类中，与渔业生产关系比较密切的有磷酸盐、硝酸盐和硅酸盐。这些营养盐类是浮游植物的重要营养物质。它们主要受生物活动、沉积物、水循环和大陆径流等因素影响。因此，不同海区、不同季节各种营养盐含量不一样，出现规律性变化。一般情况下，春季由于浮游植物大量利用，含量最低，冬季含量最高。河口处含量高，外海含量低。珠江口含量高，粤东次之，粤西最低。营养盐丰富的水域，浮游生物较多，水体理化性质较好，有利于水产养殖。

9. 有机物　除碳的氧化物、碳酸和碳酸盐类外，一切含碳的化合物均为有机物。水体内有机物来源不外乎两个：外界进入和水体内部生成。养殖生产中的有机物主要有：人工投饵，人工施放有机肥，养殖动物分泌产物、排泄产物、尸体残骸和微生物、浮游生物等。

有机物的度量主要用“生物化学氧量”（BOD）、“化学耗氧量”（COD）、“总有机碳”（TOC）等表示。其数值越大，表示有机物含量越高。对于养殖生产来说，有机物质是一个重要的水化字因子，对水体生物有多方面的影响，有利有弊。控制得好，可获丰产，控制不当，会使水质恶化，病害流行，导致减产。

天然水体中有机物主要以溶解有机物的形式存在。其次是有机碎屑，再次是浮游植物、浮游动物、异养微生物等。其分布有三个密集区，即水—气界面处的微表面层、跃温层和沉积物层。

溶解有机物通过正吸附、气提、浮选作用，主要集中在1~2厘米厚的水微表层，在水微表层内，表面活性有机物、细菌微型浮游生物、氮、磷及其他微量元素、碎屑物质等，要比其他水层高几倍至几百倍不等。

有机物可在化学试剂的作用下产生凝聚或在生物作用下产生絮凝作用而向下沉降。有的有机物如氨基酸、有机酸、腐殖质等，可与许多金属离子形成络合物或螯合物。

在生物特别是各类微生物及酶的作用下，有机物分解以至最终变为无机物，这一过程称为降解、矿化。有机物的分解、矿化有好气与嫌气两种方式。好气分解是在溶解氧充足的情况下由好气性微生物作用而完成。嫌气分解也叫消化或发酵，在缺氧的底层进行，由嫌气或兼气微生物作用完成。大体分为三个阶段：

（1）酸性发酵期。主要是糖类、可溶性淀粉、纤维素、可溶性含氮化合物等，在“产酸细菌”的作用下分解，生产多量有机酸，H_2S 以及多量 CO_2、N_2、HCO_3^- 等，pH 值可降至 5.1。（2）酸性减退期。有机酸及含氮物质进一步分解，酸度下降，NH_3^- 增多，pH 值可升至 6.6 左右。（3）碱性发酵期。蛋白质、氨基酸及油脂分解，pH 值上升至 7.0～7.4。在甲烷细菌的作用下，有机酸及醇类会进一步分解，生成大量甲烷。

有机物的降解、矿化作用包括一系列复杂的生物化学反应，一些主要有机物的降解路线如图 1 所示。大体分两个阶段，先是高分子有机物在细胞外酶作用下水解成各自的单体，然后低分子有机物进一步分解，包括脱氨、脱羧、脱硫、水解、氧化还原反应等，若有充足氧气，则进行氧化分解，变成高价态无机物，若无氧气，则只能进行发酵分解，产生醇、有机酸等中间产物和 CH4、H_2、NH_3、H_2S 等，总之，好气分解迅速彻底，产物无害，N、P、C 等元素能充分再生，相反，嫌气分解速度慢，也不彻底，并伴有有毒物质的生成、积累，于生物不利。

综上所述，水中有机物的作用可归纳如下：

（1）为植物间接提供 C、N、P 等营养元素，是一个巨大的潜在肥源；

（2）直接作为水中生物的饵料；

（3）帮助稳定 pH 值，结合缓冲微量金属离子，改良水底老化；

（4）大量耗氧气，若氧气不足，生成中间产物和有毒物质，导致水体老化。

由此可见，水中有机物具有利弊两重性，关键在溶氧。

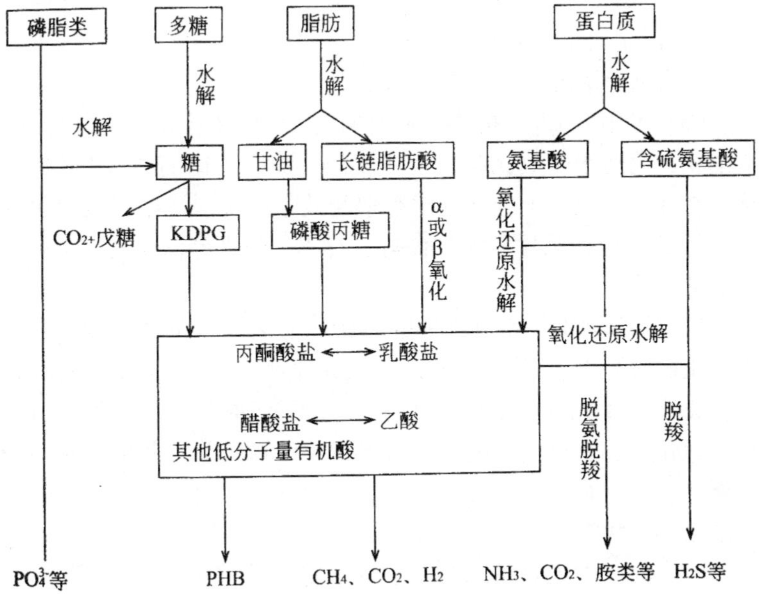

图1 主要有机物降解路线图解

有机污染的影响：一般认为，BOD < 1.0 的水是非常清洁的。1.0 ~ 2.0 为清洁水，2.0 ~ 3.0 时良好，3.0 ~ 5.0 时可疑，5.0 ~7.5不好，7.5 ~10.0 恶化，10.0 >20.0 严重恶化。在一定限度内，有机污染程度增强，可以提高水体肥力，增加初级生产，对养殖生产有利。但人工繁殖用水越清洁越好，喜欢清水的鱼也不适宜有机物较多的水。

有机负荷过大的对策：有机负荷过大，可能产生不良效果时，要想法减轻有机负荷。常用方法有：减少或停止投饵、施肥、增氧、换水等，但见效最快的还是絮凝法。絮凝法就是用 Ca^{2+} 、PO_4^{3-} 等离子使黏土—有机物复合物迅速絮凝，并使水中有机物、细菌等一起聚沉，使水中有机物负荷迅速下降。本法的关键是选择好的黏土和足量的 Ca^{2+} 。黏土以蒙脱土为好，一般制瓦的黏土多为蒙脱土。优质黏土的检测方法是，用 25 毫升试管加 10 毫升自来水或矿泉水，取待检测的黏土 2 ~3 克，弄碎并溶于水中，如果 24 小时以上仍有 80% 以上的黏土不沉淀即为优质粘土。Ca^{2+} 的用量为：

$Y=6.61X$

Y 为 Ca^{2+} 的用量（毫克）；

X 为黏土浓度（克干重/升）。

Ca^{2+} 可用 $CaCl_2$，提供，便宜且易溶解。使用时先把黏土捣成细粉，用池水配成泥浆，全池泼洒，随即按比例洒入 $CaCl_2$ 溶液，在几分钟至几十分钟内即有絮凝效果。我国渔民在抢救鱼浮头（泛塘）时，采用黄泥、食盐、石灰、明矾等，也是基于有机物的絮凝作用。

10. 有毒物质　养殖水体的有毒物质来源也不外乎两类：外来污染和养殖自身污染。外来污染包括大气污染（酸雨成因）、工业废水和生活废水，污染物种类主要有重金属、油类、硫化物、氰化物、有机氯、放射性物质、致癌物质等。养殖自身污染主要是有机物及其中间代谢产物、有毒气体如胺、NH_3、H_2S 等，以及滥用药物等。

有毒物质进入养殖水体后，对养殖生产带来各种不利影响。从毒物危害途径看，常分为外毒和内毒两种。外毒主要直接侵害与水接触的体表黏膜，其中鳃组织接触水量大、危害最严重，其次有些有毒物质还会腐蚀表皮组织。内毒则进入生物体内，干扰生物新陈代谢的正常进行，破坏生物体机能。

有毒物质对生物的危害，从受害表现来看，可分为急性中毒、慢性中毒、积累残毒等情况，具体取决于毒物的性质、浓度和作用时间等。浓度高、毒性强，则生物表现为急性中毒，在短时间内即出现大批死亡之现象。毒物浓度低时，短时间内看不出生物的中毒现象，但随着作用时间的增加，可对生物的生长、发育、繁殖产生不利影响，如生长慢、体形异常、抵抗力弱、不活泼等。有些毒物进入生物体内后难于转化、排出，就沉积在一定组织中，逐渐累积形成残毒，并可随食物链传递，如果人吃了过多的这类食物就会引起中毒。

有毒物质的毒性一般与一些环境因素有关，一般规律为：

（1）温度升高，毒性增强。

（2）溶氧下降，毒性增强。

（3）pH 值的影响。铵（NH_4^+）盐的毒性随 pH 值升高而加强，主要是NH_4^+变成NH_3造成的，NH_3的毒性比NH_4^+强得多。氰化物、硫化物随着pH值降低而增强。主要原因是氰化物、硫化物转变成氰酸（HCN）、H_2S。HCN和H_2S的毒性非常强，多数金属离子在pH值升高时毒性降低，pH值下降时毒性增加。

（4）硬度。许多金属离子在软水中的毒性比在硬水中强得多。

（5）几种有毒物质共有时，有以下几种情况：第一：产生化学反应，生成毒性更强的毒物和破坏pH值的稳定；第二：加和作用，即总毒性等于各种毒物的毒性之和，即1+1=2。第三：协同作用，即一种有毒物的毒性在另一有毒物存在时大大加强，即1+1>2。第四：拮抗作用，即一种毒物在另一毒物存在时毒性下降，即1+1<2。

有毒物质的调控处理：外来有毒物质主要是在排放之前由生成单位按国家有关规定处理。养殖自身污染主要是两类污染，即有机污染和药物污染。有机污染主要是投饵和施肥造成的。这类污染的调控除了提高投饵和施肥的管理水平和有机物直接处理（絮凝）外，再就是对其有毒产物进行处理，如H_2S可用铁盐沉淀去除，而对NH_3，则要控制pH值、增加溶氧等。

第二章 海水鱼类养殖

第一节 主要养殖种类

一、鱼类基本知识

1. 鱼体外部形态：鱼体可分为头、躯干和尾三部分（见图2），主要概念包括全长、体长、各个鳍的名称、侧线、肛门、泄殖孔、生殖孔、鳃、吻等。生殖孔是母鱼才有的，雄鱼只有肛门和泄殖孔，精液从泄殖孔排出，平时泄殖孔是排尿的地方。吻即是指嘴的前端。

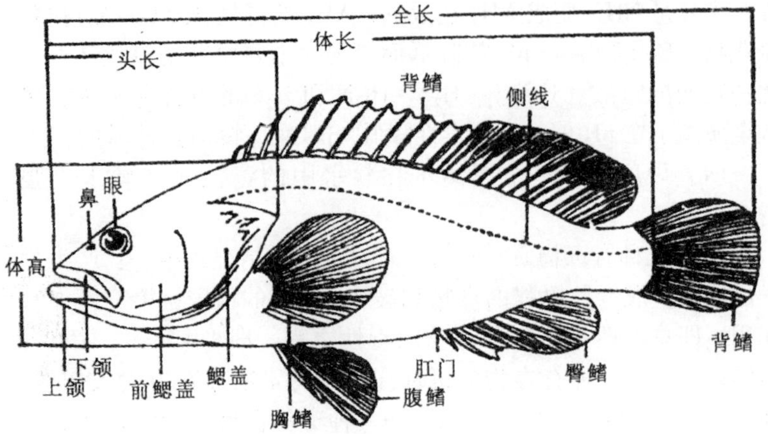

图2 石斑鱼的外形，示各部位

2. 鱼体内部构造：鱼类具有骨骼、肌肉、消化、呼吸、循环、排泄、生殖、神经、感觉及内分泌等器官系统（图3）。

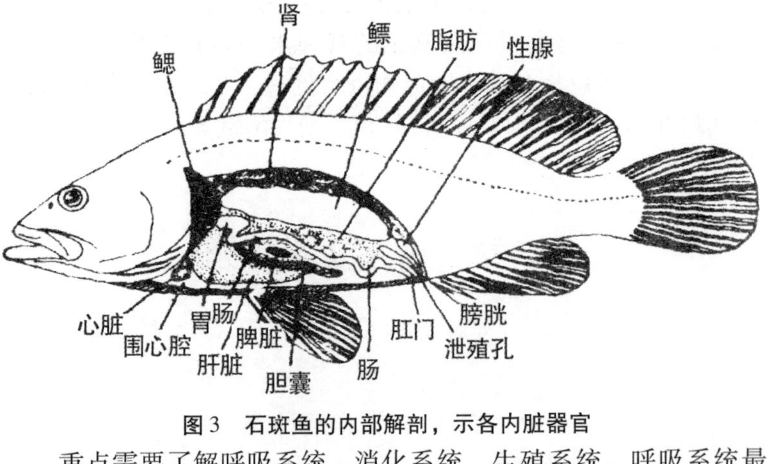

图3 石斑鱼的内部解剖，示各内脏器官

重点需要了解呼吸系统、消化系统、生殖系统。呼吸系统最主要是鳃，也是容易生病的部位。其次是鳔，鳔具有调节鱼体比重的功能。消化道包括口、食道、胃、肠、肛门和消化腺：肝、胰腺主要分泌消化酶。生殖系统主要包括生殖腺（精巢、卵巢）、输精（卵）管、生殖孔、泄殖孔。内分泌系统主要了解丘脑下部（分泌促性腺激素释放）、脑下垂体（分泌促性腺激素）、生殖腺（分泌性激素），形成丘脑—垂体—生殖腺内分泌轴。

二、主要养殖品种

1．海龙科：海马、海龙

2．鲻科：鲻鱼、梭鱼、棱鲻

3．尖吻鲈科：尖吻鲈

4．鮨科：赤点石斑、网纹石斑、青石斑、点带石斑、花鲈等

5．鲷科：真鲷、平鲷、黑鲷、黄鳍鲷、二长棘鲷等

6．鲹科：鰤鱼、鲳

7．笛鲷科：红鳍笛鲷、紫红笛鲷、勒氏笛鲷

8．塘鳢科：中华乌塘鳢

9．石鲈科：断斑石鲈、大斑石鲈、斜带髭鲷、花尾胡椒鲷

10．鲑科：大麻哈鱼、硬头鳟、红点鲑等

11．鲱科：斑鰶

12．纯科：红鳍东方鲀

13．牙鲆科：牙鲆

14．香鱼科：香鱼

15．遮目鱼科：遮目鱼

16．鲯鳅科：鲯鳅

17．军曹鱼科：军曹鱼

第二节　海水鱼类养殖方式

海水水域环境和沿岸地形环境多样，养殖方式必须根据当地水环境、地理环境、经济状况和鱼类种类而定。根据养殖形式可分为网箱养殖、围网养殖、池塘养殖和工厂化养殖等。根据养殖种类放养方式又可分为单养（即单品种养殖）和混养（即多品种养殖）。根据管理技术精细的程度，还可分为精养和粗养。

1．网箱养殖

（1）网箱养殖的由来

最早进行网箱养殖的国家当推湄公河沿岸的柬埔寨。100 多年前柬埔寨人民创造了以竹木为材料的网箱养鱼技术，以后又传人泰国，1940 年前后传入爪哇国和印度尼西亚。但较早发展网箱

养殖技术的国家却是日本。上世纪 30 年代日本福井县渔民在夏季鱼价低廉时用网箱畜养鰤鱼，到秋季鱼价高时再投放市场以谋取较高的利润，到 1958 年发展成一种独特的鱼类养殖方式。我国在上世纪 80 年代才开展比较大规模的海水网箱养殖生产。

（2）网箱的结构

①网箱大小

目前网箱的规格多为 3×3×3 米。一般个体户都只有这一种规格的网箱，这是不适应养殖生产的。根据鱼的种类和生长阶段应使用不同规格的网箱。一般在早期，鱼体较小，可使用较小的网箱，如 2×3×3 米，在中后期应使用较大的网箱如 3×3×3 米、4×4×4 米或 5×5×5 米甚至更大的网箱，如海南省引进的升降式抗网浪网箱，每套包括 3 个小网箱，规格 5×5×2.5 米，2 个中网箱，规格 100 米^2 ×4 米（深），3 个大网箱，规格 300 米^2 ×6 米（深），小网箱用于标粗，大网箱用于养成。

小型鱼类可用小型网箱，如平鲷、黑鲷、卵形鲳鲹等，大型鱼类用大型网箱，如鰤鱼、军曹鱼等。淡水池塘养殖有句谚语：宽水养大鱼，这同样适合于网箱养殖。但网箱越大，网箱管理的操作就越困难，需要投资购建一些机械化设备，或者对网箱的工艺设计进行改进以利于操作（下面详细叙述）。

②网目大小

网目的大小非常重要，因为它关系到水体交换和鱼类的逃逸。鱼产量不仅与放养密度有关，而且与网目大小有关。据水库网箱养鲤试验，4 厘米网目产量为 84.6 公斤/平方米，3 厘米网目产量为 57.5 公斤/平方米，1.5 厘米网目产量为 50.24 公斤/平方米。因此，在不逃鱼的情况下应选择尽可能大的网目。目前所用的网衣网目普遍偏小，不利于水体交换。

不同的鱼，不同养殖阶段，网目大小应进行调整。对于不同体型和大小的鱼，其网目最大防逃尺寸是不一样的。在这方面，对淡水鱼类研究较多，主要体型的鱼类都有经验公式，如团头鲂：$a=0.200\ L$；草鱼：$a=0.105\ L$；罗非鱼：$a=0.160\ L$（a－网目单角长度，L－鱼体全长，单位：厘米），而海水鱼类还缺乏这方面的资料，鲷科鱼类可参照罗非鱼的公式，鲹科鱼类可参照团头鲂的公式，鲈鱼、鲫鱼和军曹鱼等圆形体型鱼类可参照草鱼的公式。

③网衣装配

目前的网衣都是四方口袋形，套在钢管架上。一般网衣绷得很紧，虽然好看但存在不利因素，主要是网衣绷得太紧鱼体碰上去就容易受伤、刮脱鳞片等，从而感染病菌，尤其在进行人工操作时鱼体受到惊吓四处乱窜，易引起受伤。因此在网衣装配时应按一定的缩结系数进行，保持一定的松弛状态，使之富有弹性。对于侧扁形鱼类如卵形鲳鲹、真鲷、平鲷等，水平缩结系数要大，垂直缩结系数要小，使网目呈横向菱形，可有效防止侧扁形鱼类的逃逸。对于平扁形鱼类则相反，对于圆形体型的鱼类则两种缩结方式都可以。由于养殖种类大部分都为圆形和侧扁形，只有牙鲆等为平扁形，所以网衣的装配以前者为主，水平/垂直缩结系数可采用0.87/0.5或0.89/0.45。

④网箱设计工艺改革

由于在养殖生产中，按照科学的管理方法，网目要逐步换大，网衣要经常更换清洗，而目前这种网箱结构操作起来非常不便，因此有必要进行工艺设计方面的改革。主要是改变目前这种口袋式网衣为单片式网衣，即网箱的每一面都装配一片独立的网衣，这样可以定期将网箱翻转，朝向水面的网衣就可以暴晒、清洁，也有利于网衣更换，而不需将鱼搬来搬去，方便省事。网衣与钢架的缝接可用拉链式或其他方便的方式，这样操作起来就更方便。

⑤网衣材质

网衣的质量是网箱养殖的关键要素。网衣质量主要包括材质、编结方式和网箱工艺设计等。目前国产网箱的网衣主要是聚乙烯材料，便宜、结实耐用；编织方式分为有结网片和无结网片，其中以无结网片较好，对鱼体不易造成损伤。

⑥网箱的形状

网箱的形状主要取决于框架的造型，包括正方形、长方形、圆柱形、多边形、船形等，目前生产上主要有正方形和长方形两种，圆形网箱节省网衣材料，但制造和操作均不方便。一般较小的网箱（16 平方米以下）以正方形为宜，较大的网箱以长方形为好。长方形网箱水交换率最佳，其次为正方形，圆柱形、多边形网箱居后。

（3）网箱的类型

①按网箱框架结构分为浮动式网箱、沉式网箱、固定式网箱、升降式网箱等。

②按功能分为鱼苗网箱、鱼种网箱、成鱼网箱。

③按抗风浪能力可分为传统的普通网箱和现代的抗风浪网箱。抗风浪网箱分为三级：一、二级小网箱和三级大网箱，面积在 100 米^2 以上，可升降，材料为高强度的新型材料。

（4）网箱的布局

①网箱的密度：一般网箱总面积不得大于海湾总面积的 15%。

②网箱排列：网箱一般是固定在鱼排框架上的，一个鱼排常有 9 孔或 12 孔，网箱悬挂在鱼排四周，有利于水交换，同时一个鱼排不宜挂太多网箱，挂 6 个大的即可。

③鱼排的排列：鱼排的排列要有利于潮水的交换流通。因此每个鱼排之间要相隔一定的距离，四个鱼排组成一个小区，相邻小区之间留出更宽的水通道，供水交换和作交通航道。

2. 池塘养殖

池塘养鱼是海水养鱼另一重要的养殖方式。按照管理和投入的程度又分为精养和粗养。精养一般放养密度较高，池塘结构较好，养殖设施较全，管理较精细，一般人工投饵。因此产量较高，效益较好。粗养则相反，放养密度低，一般不投饵，管理较粗。一般面积较大的池（50～100 亩）多为粗养，面积较小的（10～30 亩）多为精养。设备较好的精养池一般都配备有增氧机，抽水泵等机械设备，10 亩池可配 2～4 台增氧机。

3. 围网养殖

围网养殖是在一个较宽敞的水面用网围成一个水体进行人工精养的养殖方式。一般在大的鱼塭，浅滩可进行围网养殖。在考州洋有许多围网养虾，当地叫网塭。但该地的网堤养殖由于缺乏技术指导，网塭建设很不规范，主要表现在网塭的结构和布局十分混乱，非常不合理。

围网养殖在 5 米以浅的浅海、滩涂大有可为。养殖对象广，鱼、虾、贝、藻均适合，尤其适合于养鱼、贝、藻。

4. 工厂化养殖

工厂化养殖是新发展起来的一项技术，又叫设施渔业，是利用较先进的工业技术，包括声光电技术、自动化技术等，进行集约化养殖的一种先进养殖方式。具有高投入、高产出、高技术集成的特点。养殖环境安全可控。

工厂化养殖大致可分闭合循环水养殖、流水养殖等。闭合循环式养殖技术集成较高，可人工控制鱼类的生活环境条件，如温度、溶氧量、pH 值、盐度等，使鱼体在最佳环境条件下生长，可提高放养密度，缩短养殖周期，提高单位面积产量。其缺点是成本高风险大、管理费用高、技术要求高、推广有一定难度。循环式养殖的关键是污水处理，而流水养鱼（非循环式）可不必进行污水处理，因此成本大大降低。但这种养殖需要一定的地理条件，即水位差。

对于海水养殖来说，另一种工厂化养殖方式即船式工厂化养殖值得大力开发。一般的工厂化养殖是建在陆地上的，污水处理费用高，而船式工厂化养殖是把养殖工厂建在船上，可开到外海去养殖，不占陆地，污水可直接排到海里，不必人工处理，且外海面积大，具有很好的开发前景。养殖船可用旧船改造以降低成本。在养殖过程中可随意移动，避免长期固定在一个位置所带来的污染，且可有效避免台风袭击，并可将养殖产品运往销售目的地。

5. 单品种养殖

又叫单养，即独立的养殖水体中只饲养一种养殖对象，目前网箱养殖、对虾养殖多为单品种养殖。

6. 多品种养殖

又叫混养，即根据不同鱼的食性和栖息空间将几种鱼混养在一起，以达到充分利用水体空间和饵料资源的目的。混养是我国池塘养殖的精华，混养中以一种鱼为主养对象，搭配 1～3 种混养对象，在淡水养殖中已有多种混养模式。最近我国正在推广从美国进口的80∶20养鱼技术，即80%的吃食鱼类（投饵喂养的鱼）搭配20%杂食鱼类（不投饵）。这实际上就是我国的混养模式，只是量化更具体、更简明。这一技术特别值得在海水鱼类养殖中推广。因为海水养鱼中，大部分鱼都为吃食性鱼类，即肉食性鱼类，目前单养中残饵污染相当严重，导致病害流行。如果搭配20%的杂食性鱼类，在不增加投饵的情况下可以多产鱼，充分利用残饵，减少水体污染，一举多得。可搭配的鱼有黄鳍鲷、鲻鱼、蓝子鱼等，也可搭配其他门类的生物，如鱼蟹混养。

第三节　海水鱼类人工繁殖与育苗

一、性腺发育规律

海水鱼类人工繁殖关键是亲鱼的培育和选育，这也是我国目前海水鱼类人工繁殖研究的弱点和难点。

1．性腺发育成熟过程

鱼类的生殖过程经历了性细胞的发育、成熟、排放与产出的过程。卵巢发育规律：

（1）卵原细胞的繁殖期：此时期卵原细胞进行有丝分裂，细胞数目不断增加，经若干次分裂后，卵原细胞就停止分裂，开始长大，向初级卵母细胞过渡。此阶段的卵细胞为第1时相卵原细胞，以第1时相卵原细胞为主的巢称为第1期卵巢。

（2）生长期：此时期可分为小生长期和大生长期。小生长期又称原生质生长期。此期初级卵母细胞原生质不断增加，体积不断增大。后期卵膜外面长了一层扁平的滤泡上皮细胞，此时小生长期结束。处在小生长期的初级卵母细胞称为第II时相初级卵母细胞，以第1I时相初级卵母细胞为主的卵巢为II期卵巢。

大生长期：原生质中开始出现卵黄颗粒表明进入大生长期。此期是初级卵母细胞营养物质积累的时期。卵黄开始积累阶段，初级卵母细胞体积增大，细胞内缘出现液泡，卵膜增厚，滤泡上皮细胞分裂成二层，此时的卵母细胞称为第Ⅲ时相初级卵母细胞，以第Ⅲ时相初级卵母细胞为主的卵巢为Ⅲ期卵巢。

卵黄充满阶段，卵黄在液泡内外先后积累，并充满全部细胞质部分，这时卵黄生长即告完成，此时初级卵母细胞已长足身材，达到了成熟的第Ⅳ时相，以第Ⅳ时相初级卵母细胞为主的卵巢称为第Ⅳ期卵巢。

卵子发育的生长期比较长，短的一年左右，长的5～6年甚至更长，初级卵母细胞发育到最大体积时比卵原细胞要增大几十倍甚至上百倍。

（3）成熟期：初级卵母细胞大生长期完成后，其体积不再增大，而进行细胞核的成熟变化，称为成熟期。此期主要是细胞核极化，核膜溶解，并进行两次成熟分裂。第一次成熟分裂放出第一极体，第二次成熟分裂停留在分裂中期，受精后才放出第二极体。这一过程称为成熟，但与生产上讲的“亲鱼成熟”含义不同，后者所指的亲鱼性腺已发育到第Ⅳ期，能够进行催情产卵。

排卵：滤泡膜破裂，卵子从固着状态的初级卵母细胞变为流动状态的次级卵母细胞，即从滤泡中解脱出来变为流动的成熟卵子，这一过程即为排卵。

产卵：在适宜的生理、生态条件下，卵子从卵巢腔向体外产出，这一过程称为产卵。

成熟期进行得很快，仅数小时或数十小时即可完成。成熟流动的卵子称为第Ⅴ时相次级卵母细胞，此时的卵巢称为第Ⅴ期卵巢，产卵后就称为第Ⅵ期卵巢。第Ⅵ期卵巢经过吸收后又回到第Ⅱ期卵巢。

精子的发育规律与卵子相似，所不同的是，一个初级卵母细胞最终形成一个卵子，而一个初级精母细胞却形成4个精子细胞，并经过变态形成精子。

2. 性腺分期

为了鉴别性腺生长、发育和成熟程度，把性腺生长发育过程划分为若干过程，称为性腺分期。根据外观和组织切片观察，一般分为六期。

（1）卵巢的分期：

第Ⅰ期卵巢，性腺呈细线状，肉眼不能分辨雌雄，细胞处于卵原细胞繁殖期向初级卵母细胞的小生长期过渡阶段，细胞较小，核占细胞的一半。

第Ⅱ期卵巢，性腺已能分辨雌雄，但卵内无卵黄，肉眼看不出卵粒，卵巢呈扁带状，主要细胞处于小生长期。

第Ⅲ期卵巢，此时卵母细胞内出现卵黄，肉眼能分辨出卵粒，但相互粘连成团，不能分离。大部分细胞处于大生长期。

第Ⅳ期卵巢，卵充满了卵黄，大而饱满，已能相互分离。根据细胞大小和核的位置可分为三个时期：早期，细胞较小，核在正中；中期，细胞增大，核在中央或中央稍偏处；末期，卵母细胞长到最大，核移向动物极端，此时的卵巢是催产注射的最佳时期。

第Ⅴ期卵巢，卵从滤泡排出，呈流动状态，轻压腹部有卵粒流出。

第Ⅵ期卵巢，产过卵不久或退化吸收的卵巢，产卵过后卵巢充血，尚残留有少量卵粒，分批产卵的鱼剩余的卵还可发育产出。

（2）精巢的分期：

第1期，细线形，透明，肉眼不能分辨雌雄，原始生殖细胞经过细胞分裂，形成精原细胞，精囊和精子管尚未形成。

第Ⅱ期，细带形，半透明或不透明，精囊形成，精原细胞增多，血管不显著。

第Ⅲ期，精巢变粗，粉红或淡黄白色，表面具弹性，血管明显。

第Ⅳ期，乳白色，精囊的精子囊由一群群的初级精母细胞、次级精母细胞和精子细胞所组成。呈现活跃的分化与分裂，有的囊腔中也出现少量精子，但不占优势。

第Ⅴ期，精巢丰满，乳白色，已达到完全成熟。轻压腹部有大量乳白色精液流出。

第Ⅵ期，排精以后的精巢，细带状，淡红或粉红，精巢枯萎，缩小，挤不出精子。

3. 性周期

每种鱼都必须发育到一定年龄才能达到性成熟，如平鲷、黑鲷要2～3年才成熟。在鱼类未成熟之前，没有生殖周期现象，而当性成熟第一次产卵以后，性腺即定期按季节性发生周期性变化，称为性周期。有的鱼每年都繁殖一次甚至几次，有的鱼则要隔一定年后，才又开始繁殖。一般体型越小，繁殖越频繁。体型越大，间隔时间越长。有的鱼在秋冬季繁殖，有的鱼则在春季繁殖。

4. 繁殖系数

性腺重量占体重的百分比称为成熟系数。性腺随着季节而变化，繁殖季节最大，因此不同季节成熟系数不同。

5. 繁殖力评价

繁殖力的评价指标主要有性成熟年龄、性周期、怀卵量、产卵量、幼鱼成活率等。性成熟年龄早、性周期短、怀卵量大、产卵数多、幼鱼成活率高，表明繁殖力强。但在自然条件下，各种生物相互达成一定的平衡，往往怀卵大、产卵量多的种类，幼体成活率就低；性成熟年龄早、性周期短的鱼怀卵量也相对小。

6. 性腺发育的生理基础

性腺的发育是受内分泌激素调节的。在内分泌系统中，丘脑下部、垂体和性腺分泌的激素在功能和调节上相互作用，构成了一个完整的生殖内分泌调节体系，人们将这一个体系称为丘脑下部—垂体—性腺轴，它在生殖活动调节中起着核心作用。

丘脑下部是属于神经系统的一部分，因此它可以接受外界因子的刺激，产生和分泌激素。下丘脑所分泌的激素为促黄体素释放激素（LHRH），作用于脑垂体，使脑垂体产生促黄体激素（LH），也能促进垂体释放滤泡刺激激素（FSH），故又称 LHRH 为促性腺激素释放激素（GnRH）。近年来已合成了大量的 LHRH 类似物（LHRH—a），用于鱼类繁殖催产。

脑垂体是重要的内分泌器官，在 LHRH（GnRH）作用下，分泌激素 LH 和 FSH。LH 和 FSH 都作用于性腺。LH 作用于精巢产生雄激素，作用于卵巢时，则与 FSH 协同促进卵泡发育成熟并分泌雌激素。FSH 在少量 LH 的配合下，作用于卵巢则促进卵巢上的卵泡发育、成熟，并分泌雌激素，是刺激卵泡发育成熟的最主要激素，作用于精巢则促进精巢产生雄激素结合蛋白，并促进精子生成和成熟。

性腺在 LH 和 FSH 的作用下，分泌雌激素和雄激素素等，促进性腺的发育，同时这些激素也反作用于下丘脑和脑垂体，使其分泌的激素保持适量。

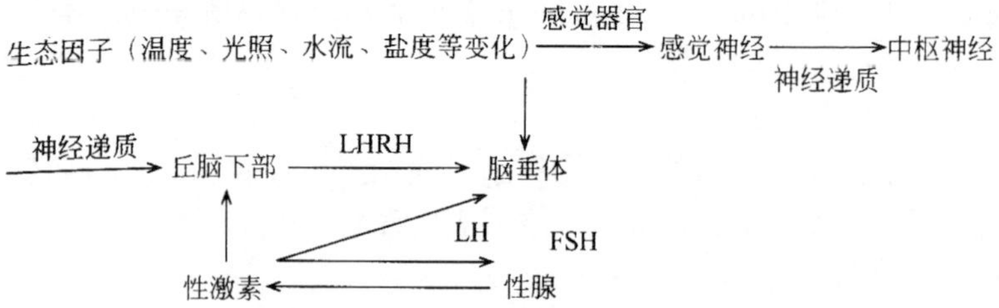

图 4　丘脑下部—垂体—性腺作用关系示意图

二、人工繁殖

1. 亲鱼培育

亲鱼培育是指对达到性成熟年龄的亲鱼进行强化培育以达到人工催产或自然产卵的目的。目前我国海水鱼类人工繁殖用亲鱼主要是捕捞自然成熟的亲鱼。少数种类可通过人工养殖达到性成熟。如果亲鱼不能通过人工培育获得，其种苗生产必然受到限制，从而制约养殖生产。因此，亲鱼培育是海水鱼类种苗生产的关键环节。目前，海水亲鱼培育尚未有很成熟的经验。关键因素有：养殖密度、营养、生态条件等。一般小型鱼类如平鲷、黑鲷、黄鳍鲷，在常规养殖条件下即可达到性成熟，而对于一些体型较大的鱼类如真鲷等，在常规养殖条件下就很难成熟，这与放养密度很有关系，一般应尽量稀养，一个 3 × 3 米的网箱尽可能只养 2 ~ 3 条，1 雌 2 雄，池塘养殖则放养 100 ~ 150 kg/亩。营养方面，要在性腺发育阶段投喂所需高营养饵料，而在繁殖季节来临之前则应注意生态环境条件的刺激。主要生态因子有温度、光照、流水和盐度等等。

2. 亲鱼来源与选择

亲鱼来源　亲鱼来源有二：一是人工养殖培育达到性成熟的亲鱼；二是从天然海区抓捞成熟亲鱼。1 公斤左右能成熟的种类一般可通过人工养殖培育达到性成熟，而 5 ~ 6 公斤以上才成熟的种类人工养殖培育成熟还有困难，大多是捕捞自然成熟的亲鱼。

亲鱼的选择　繁殖用亲鱼必须健康无病害，活动正常，体表鳞片、鳍条无损伤。

3. 雌雄鉴别

（1）肛门处开孔数不一样，雌鱼一般三个：肛门、泄殖孔、生殖孔，雄鱼有2个孔：肛门和泄殖孔。

（2）体色：雄鱼一般较鲜艳，雌鱼体色则较暗淡。

（3）副性征：中华乌塘鳢雄鱼的生殖突呈尖形，雌鱼呈圆形。

（4）大小：一般种类的雌雄均有大小之别，有的鱼雄鱼小于雌鱼，有的则相反，少数种类则没有区别。但有些鱼有性转换现象，即年轻时为一种性别，中年后又变为另一种性别，如石斑鱼，开始为雌，后来又变为雄。

4. 成熟度检查

卵细胞检查　用于注射催产的亲鱼，卵巢发育必须达到第1V期。检查方法是用吸管、注射用硅胶管或自制的挖卵工具取少量卵在解剖镜下观察，观测内容包括测量卵径、观察卵细胞核的位置和卵的形态特征。达到IV期的卵一般较大而饱满，核移向动物极而偏位。过熟的卵不是好卵。

成熟系数检测　在把握不大的情况下可抽样解剖几条，测量卵巢成熟系数，一般应达到10%以上才可用于注射催产，最好是达到20%以上。

外观判断　雄鱼轻压腹部有少量精液流出可催产。雌鱼轻压腹部有少量卵流出，可催产。有的种类也可根据体表颜色来判断。经常用的是生殖孔，如果育血严重，表明成熟度高。外观判断经验性强。对于不同种类的鱼要区别对待。

5. 雌雄鱼的搭配

一般采用1∶1.5～2的比例较好。有的种类雄鱼精子少，比例可适当增加。在搭配时同一批催产的亲鱼应注意个体重量大致相同，以保证繁殖动作的协调。力求避免近亲繁殖。

6. 注射催产

（1）催产激素种类　常用激素有LHRH—a3和HCG（绒毛膜促性腺激素）。两者可单用也可合用，合用效果比单用好。

IHH—a3 用量：不同种类、不同成熟状态用量不同。如黄花鱼，网箱养殖成熟的亲鱼或野外捕捞的亲鱼，用量为 2.5 微克（μg）/kg，HCG 的用量为每公斤鱼 1 000 国际单位（IU）左右，或按说明书使用。合用剂量：室外成熟的亲鱼用一种激素即可，用 LHRH—a3 较好，野外捕捞的成熟度比较好的可用 HCGP。室内强化促熟的黄花鱼可用 LHRH—a3 + HCG 合剂，用量为 LHRH—a3 8 微克/kg + HcG1 000IU/kg。雄鱼剂量减半。

（2）注射方法　注射部位有背鳍基部肌肉注射、胸鳍基部体腔注射，后者比较好。注射时注射针与身体呈 45 度角。激素用生理盐水即 0.9% 的氯化钠溶液配制，可到医院购买。注射用具注意消毒，激素要现配现用。成熟度比较好的亲鱼一般注射一次即可，也可分两次注射：第一次注射用总量的 1/10 或 1/5，间隔 12 小时或 24 小时（成熟度较差者）注射余量，如果是用 LHRH—a3 和 HCG 合剂，则 HCG 在第二针注射。雄鱼一般一次注射即可，与雌鱼的第一针同时进行。对于卵巢发育在 III 期末的亲鱼，司先注射 1 ~ 2μg/kg LHRH—a3，隔 2 ~ 3 天后再注射一次全量，可提高催产效果。

（3）效应时间　指亲鱼最后一次注射激素后到开始发情产卵的间隔时间。效应时间的长短与催产素的种类、水温、注射次数、亲鱼种类、年龄、性腺成熟度以及水质条件等有密切关系，其中最主要的是水温。一般早晨或上午产卵较好，因此，应根据具体鱼种类的效应时间安排注射催产。海水鱼的效应时间一般在 30 ~ 60小时之间。

（4）自然产卵、受精　到达效应时间后，雌雄亲鱼开始相互追逐，即为发情，发情一段时间后（1 ~ 2 小时）即开始产卵、受精。然后收集受精卵进行孵化。

（5）人工授精　由于条件不具备或鱼的种类不同，发情后不能自然产卵，必须进行人工挤卵、授精。人工授精的好处是可以一次获得大批量的授精卵，发育同步性好，便于管理。人工授精方法有干法和湿法两种。淡水繁殖常用干法，方法是：将鱼体用毛巾抹干，同时挤出精卵于瓷盆中，加少量水用鹅毛搅拌、混匀授精，然后用清水洗去多余的精液，计数，孵化。操作时不能让太阳直射受精卵。

（6）催产设施　主要包括暂养池和催产池。暂养池用于暂养从网箱或野外运回来的亲鱼，待注射催产。催产池主要是将挑选的亲鱼注射后雌雄配对放入，等待产卵。

7．亲鱼产后护理　亲鱼在催产中会受伤和消耗体力，因此产后要好好护理，以免亲鱼死亡。主要是对伤口进行消炎处理和精心养殖。消炎处理包括外用消炎药和注射内服消炎药。精心护养是将产后亲鱼放入水质清新的水体中仔细喂养。同时在催产操作过程中要细心，防止鱼体受伤。

三、人工孵化

1．胚胎发育

鱼类胚胎发育的几个主要阶段：

第一阶段：卵裂　一般受精后 1 小时左右出现第一次分裂，形成 2 个分裂球，随后每隔一定时间分裂 1 次，多次分裂后，分裂球堆在卵黄之上，形似桑椹，故称为桑椹期。

第二阶段：囊胚至原肠期　囊胚期的特点是囊胚壁的中央有一空腔，称为囊胚腔。原肠期的特点，一是细胞运动和重排，二是细胞由量变到质变，产生了外胚层、中胚层和内胚层。因此，细胞代谢旺盛，耗氧量大，对环境因素特别是温度变化特别敏感。此期如遇温度不正常，氧气供应不足，易导致胚胎死亡。是人工孵化的关键时期之一。

第三阶段：神经胚时期　原肠晚期和神经胚早期是相互重叠的。到神经胚时期，胚体伸长，形成中轴器官，即神经管、脊索和体节。神经胚时期是器官原基奠定的关键时期，如果在此阶段能有正常的发育，将得到较理想的孵化率。但如果原肠期发育得不好，中轴器官不能正常形成，将导致畸形。

第四阶段：从尾芽到出膜时期　神经胚后即为尾芽期。其特点是胚体后端有一稍突出的细胞团，称为尾芽。尾芽细胞不断增生，使胚体不断增长。然后出现心脏跳动，肌肉收缩，胚体在卵膜内不断旋转，胚胎头部表皮分泌孵化酶，使卵膜变薄，最后破膜而出。

第五阶段：幼苗期　从受精到出膜为胚胎期，脱膜后的生长发育属胚后期。刚脱膜的胚体与成体相比有很大差异，还有一些器官尚未形成。胚后发育的特点是：胚胎继续增长；胸鳍长出；鳔管形成；色素增多；卵黄囊逐渐缩小直至消失。此时口已能张开主动摄食。当幼苗长到一定大小，可在水中自由活动时，可从孵化池转移到鱼池中饲养。

2. 孵化设施

目前生产上常用的孵化工具有：孵化桶（缸）、孵化环道、孵化槽、孵化网箱和水泥孵化池。淡水常用孵化环道，海水常用水泥孵化池。按水是否流动分为流水孵化和静水孵化。从效果来看，流水孵化比静水孵化好得多。此外，还有一种淋浴孵化，即卵粘在丝状物上，在潮湿阴暗的环境下露空，定期喷水。

3. 孵化环境条件

（1）温度：水温与胚胎发育的关系极为密切，水温高发育快，水温低发育慢，但温度过高或过低，都会影响胚胎发育，引起不良后果。胚胎发育的水温范围一般在 18～30 ℃之间，大多数种类的适温范围在 20～25 ℃之间，冷水性鱼类所需温度较低。

（2）溶氧：胚胎发育需要充足的氧气。尤其在胚胎发育后期需氧量大增，但不同类型的鱼其耗氧量是不一样的，有的鱼类卵黄中含有很多类胡萝卜素，仔鱼的呼吸器官也很发达，血管遍布全身，因此可在溶氧较低的水环境中生存、发育。反之则需要较高的溶氧环境。生产上，孵化用水溶氧应不低于 4～5 mg/升。流水孵化一般能满足溶氧的要求。

（3）水质：未被污染的清新水质有利于提高孵化率，孵化用水应过滤，防止敌害生物与污物进入，工业污染和农药污染的水不能用于孵化。偏酸的水使卵膜软化，失去弹性，容易破裂，pH9.5 以上也易损伤卵膜，使之溶解，一般应使 pH 值维持在 7～8 之间。

（4）敌害生物：水中敌害生物对鱼卵危害很大。主要有小鱼、小虾、桡足类、枝角类、蚊子幼虫等。

4. 受精率、孵化率计算和鱼苗出池

受精率的计算最好在原肠中期进行，因为未受精的卵在早期也可能出现卵裂。方法是用小网随意捞取鱼卵 1 000 粒左右，放在白瓷盘中，挑出坏卵、空心卵等并计数，然后计算好卵数，受精率为好卵数占总卵数的百分比。

卵化率是指孵出鱼苗数占受精卵数的百分比，但生产上常用出苗率来代替孵化率。出苗率是指可以下塘的鱼苗数占受精卵数的百分比。

鱼苗待鳔充气（出现腰点），卵黄囊基本消失，开口能主动摄食时即可下塘，但有的海水鱼容易受惊吓，一般就在原池继续培育。鱼苗下塘时要注意水温相差不能太大，一般不宜超过 ±2 ℃，此时鱼苗很幼嫩，操作要仔细。

四、幼苗培育

幼苗的培育是指将出池的鱼苗培育至3厘米左右的稚鱼。

1. 初孵仔鱼的类型

第1种类型：初孵仔鱼与成熟鱼基本相似，体型一般较大，眼的黑色素明显，口发达，能动，卵黄囊比体长显著小，孵出后不久就可摄食。包括多数卵胎生的鱼类，如褐菖鲉、黑鲪、海鲫等。

第2种类型：初孵仔鱼的发育和分化程度比上一种类型较差，体较长，卵黄囊小，眼色素稍发达，口已分化。包括多数沉性附着卵的种类，如东方纯、六线鱼等。

第3种类型：初孵仔鱼的消化系统、眼的色素等一般未分化，口未开，卵黄囊大，约占体长的1/2，消化系统的分化程度最差。包括大多数浮性卵的种类，如真鲷、黑鲷、鲻鱼、鲈、牙鲆、石斑鱼、遮目鱼、黄姑鱼等。

2. 幼鱼发育的阶段性

鱼类从小到大，不断发育和变化，在形态、生态、生理上表现为一定的阶段性，各阶段发育所需时间长短不一，即使同一阶段，不同种类也不一样。根据生长发育情况一般分为仔鱼前期、仔鱼后期、稚鱼期和幼鱼期。

仔鱼前期：初孵仔鱼到卵黄吸收完全开口摄食之前这一段时期。

仔鱼后期：开口摄食到各主要器官发育定型为止，如各鳍长出并定型。

稚鱼期：鳍条分开、分枝，体全部长满鳞片，发育变态完成。

幼鱼期：身体特征和生活习性跟成鱼相似，只是大小不同。

一般培育到幼鱼期，鱼苗就可以出售、养殖。在仔、稚、幼鱼发育变态的各个转换期，死亡率较高，一般称为危险期，包括仔鱼前期—仔鱼后期的开口危险期，仔鱼后期—稚鱼期和稚鱼期—幼鱼的变态危险期。

3. 环境条件的要求

（1）温度：温度影响鱼苗的代谢速度，温度太低会影响生长速度，太高则不能适应而造成死亡，一般要求在 18 ~ 30 ℃，适温范围为 20 ~ 28 ℃。不同种类适温范围不同。温度变化不能太大。

（2）光照：有的鱼喜欢光照强一些，有的鱼喜欢光照弱一些，光的影响主要是对水体的影响和对鱼视觉的影响，对于依赖视觉摄食的鱼类，光照不能太弱，对于靠感觉器官来帮助摄食的鱼类对光的依赖性较小，大多数鱼类一般在黎明或黄昏时为摄食高峰时间。

（3）盐度：对于大洋性鱼类，盐度要求稳定，且在正常海水盐度范围；而对于河口性鱼类，鱼苗都有趋淡习性，即随着发育，要求盐度逐渐有所降低。

（4）其他：要求水质无污染，氨氮、H_2S 等有毒物质含量符合渔业水质标准，溶氧要求在 4.0 mg/升以上。

4. 运动与摄食

仔鱼前期多为被动运动即随水漂游，随着肌肉的发育，逐渐出现突发式的“弹跳”运动，然后出现 S 形运动，最后出现自由运动。由于在早期运动能力弱，摄食受到限制，只能摄食游泳速度较慢的饵料生物。

5. 食物选择性

在摄食早期，摄食成功率受到自身和饵料生物的运动能力、口径与饵料生物大小、饵料生物的密度等因素影响，因此对食物缺乏主动选择性，随着运动能力的增强，有的鱼表现出明显的食物选择性，因此不同发育阶段，存在食物转换现象。一般来说，鱼苗开口的最佳饵料是浮游动物及其幼体。

6. 人工培育

培育方式：目前海水鱼的培育方式主要是水泥池培育，即用10吨或20吨水体的水泥池充气培养，投喂人工培养的活饵料，如轮虫、丰年虫等，这种方式目前还不适应大规模生产，主要原因是成本高、成活率低。应该尝试淡水鱼类的土塘培育方法。

培育密度：1 000尾左右位方米（m^3），不同种类密度不同。

水质：溶氧大于5 mg/L，pH<8.5，育苗用水经砂滤。

日常管理：换水、投饵、防病和水质监测。早期换水量少，以后逐渐加大。饵料系列一般包括贝类幼体、轮虫、浮游动物幼体、丰年虫幼体、丰年虫成体、鱼肉等，关键是开口饵料，其次是后期饵料，可借鉴淡水鳜鱼的模式，培养人工饵料鱼。防病的基本措施是定期施用抗生素，有关工具用前要严格消毒。平时要保持环境安静、清洁。定期监测水质参数：水温、pH值、盐度、溶氧等。

出售与运输：一般培育到3 cm以上就可以出售用于养殖。运输方式一般为尼龙薄膜袋充氧运输。

第四节 鱼种培育

在养殖生产中，苗种来源不同，其质量也不一样。野生种苗往往大小不一，且有受伤的情况出现。而人工孵化培育的鱼苗具有大小整齐的优点，但一般出售的苗较小，如果直接放进大网箱养殖成活率较低。因此对购买的小鱼苗最好进行精心的培育，等长到体长10厘米以上后再投放到成鱼网箱中养殖，这个过程称为鱼种培育。

一、野生种苗的培育

1. 大小分选，分开培养。对收集到的野生苗，如果大小相差较大，应分开饲养，同样大小的放在一起。可用鱼筛分离。

2. 消毒。由于野生苗是通过人工捕捞的，有的苗会因此受伤，鱼苗本身或多或少带有自然界的各种细菌。因此，对野生苗在投放饲养前应先在独立的水体中暂养消毒，然后再放进网箱或池塘中进行鱼种饲养。常用消毒剂有高锰酸钾（$KMnO_4$）10～20 ppm（即每立方米水用10～20克 $KMnO_4$）浸泡鱼体1小时左右，视水温和鱼体反应而定，水温低时可长些。漂白粉10～20 ppm，10分钟左右。呋喃唑酮，3～5 ppm，2小时。其他消毒剂根据说明书使用。

3. 投饵。对于2厘米左右的小鱼苗，可投喂丰年虫成虫，然后逐渐投喂鱼肉或其他小鱼苗作饵料，对于4～5厘米较大的幼鱼可投喂鱼肉等。

4. 培养方式。可用池塘培育，面积2～3亩，如鲻鱼苗、黄鳍鲷、石斑鱼等；也可用小网箱，2米×2米×2米或2米×3米×2米，如鰤鱼、军曹鱼等。

二、人工苗的培育

人工苗大小一般在2～3厘米之间，买来后必须进行鱼种培育，获得10厘米左右的大规格鱼种供成鱼养殖。

1. 流水培育法：即用水泥池进行流水培育，这种方法一般成本较高。

2. 网箱培育：培育鱼种的网箱应设置在水质清新的地方，网目大小与鱼体相符，如果投喂活饵料鱼，应进一步缩小网目。随着鱼体生长，应更换网箱，换用网目较大的网箱，2～3公分的鱼苗放养1 000尾左右/米^2，6～7公分苗放养250～300尾/米^2。

3. 池塘培育：面积1～3亩，水深1～1.5米，放养量5 000～8 000尾/亩，放苗前池塘应进行消毒清塘，可用生石灰75公斤/亩或其他消毒剂。

4. 消毒：鱼苗买回来后也要先进行消毒，方法同野生苗的消毒。

5. 投饵：同野生鱼的投饵方法。

第五节　成鱼养殖

成鱼养殖是指将大规格鱼种养至商品规格的养殖过程。目前海水鱼的养殖尚未进行很好的总结，不同地方养殖方法也有所不同，缺乏统一的标准。现将淡水养殖的“水、种、饵、密、混、轮、防、管”“八字”精养法介绍如下，对海水养殖也同样适用。

“水”——养鱼的池塘条件，对于海水养殖来讲，包括池塘条件和网箱条件。包括水源、水质、池塘（网箱）面积和水深、土质、周围环境等；

“种”——要有数量充足、规格合适、体质健壮符合养殖要求的优良鱼种；

“饵”——供应饲养鱼类充足的、营养成分较全面的饵料，以及培养池塘中的天然饵料；

“密”——合理密养；

“混”——实行不同种类、不同年龄与规格鱼种的混养；

“轮”——轮捕轮放，在饲养过程中始终保持较合理的密度；

“防”——做好病害防治工作；

“管”——实行精细的科学管理工作。

八字精养法是对群众先进养鱼经验的总结，实践表明，凡是根据当地具体条件，按照八字精养法原则养鱼就能获得高产。随着生产和科学技术的发展，其内容还将不断充实。

一、养殖条件

1. 池塘条件

食用鱼养殖池塘所要求的条件与苗种饲养池不同，主要是要求面积较大、池水较深，以利于鱼类的生长和池塘单位面积产量的提高。良好的食用鱼池塘应具备以下几个方面条件：

（1）水源和水质：要求水源充足，进排水方便，水源的水质良好，溶氧量较高，不含有毒物质，酸碱度合适。一般新挖池塘前都应对水质、土质进行分析。

（2）面积和水深：渔谚有“宽水养大鱼”、“一寸水，一寸金”的说法，这说明了池塘面积和水深对鱼类生长和鱼产量的重要作用。淡水池塘面积一般为 10 亩，水深 2 ~ 3 米，这一标准对于海水池塘养殖同样适用。

（3）形状和周围环境：池塘的形状应整齐、规则，最好呈东西向长方形。东西向有利于太阳光照和减少北风的影响；长方形有利于水交换和捕鱼。池塘周围不应有高大的树木，池塘边不宜有杂草、水草等。池埂应较高、较宽，有利于维护池塘结构的稳定。

2. 网箱条件

详细资料同第二节的“网箱养殖”。

二、鱼种

鱼种是养鱼的物质基础，放养优良鱼种，是获得高产的先决条件。“好种才有好收成”，优良的鱼种在养殖中成长快，成活率高。目前海水鱼类养殖中，鱼种的数量和种类的不足是主要制约因素，放养规格也缺乏统一、适宜的标准。放养规格：总体来说，对于上市规格较小的种类，放养规格较小的鱼种较合算，而对于上市规格较大、养殖周期较长的种类，如鰤鱼等，则放养规格较大的鱼种合算。

鱼种体质：同种同龄鱼种，应规格一致，大小相差无几。背部肌肉厚，色泽鲜明，鳞片鳍条完整无损，游泳活泼正常，水性强，离水后放在盆中，鳃盖不张，尾不弯曲，跳动不止，体表无伤痕和寄生虫。不符合上述条件者为不良鱼种。

放养时间：一年之中宜早放养，一般在冬末春初，水温较低，适合鱼种运输、捕捞等操作，是放养的好季节，但如果是购买天然苗，放养时间则不能人为确定。另外鱼种放养应在晴天清晨进行，如果在外地购买，应在夜间运输、清晨放苗。

三、混养

在同一水体中进行多种鱼类的混养，是我国劳动人民在长期生产实践中总结出来的。但近年来我国推广的80:20养鱼技术却是从美国进口的。所谓80:20，即80%放养吃食鱼类，20%放养杂食性鱼类，这实际上就是我国的混养技术。而且我国的混养技术除了讲究食性之间的关系外，还特别注重空间关系，即上层鱼类、中层鱼类和下层鱼类混合饲养。这样，通过混养可充分利用水体的空间和水中的饵料，增加放养密度，提高单位水体产量。

我国海水鱼类养殖中，池塘养殖混养的情况相对多些，而网箱养殖绝大部分是单养，饵料利用率低，残饵污染水体严重。因此，网箱养殖很有必要推广80:20养殖技术，这样既可以提高鱼产量，又可以减少污染，保护环境．从而降低病害防治费用。

四、放养密度

一般来说，提高放养密度是提高产量的措施之一。鱼种放养过稀，不能充分利用养殖水体和水中饵料资源，发挥池塘生产潜力，因此鱼产量不高。增加放养密度，即可弥补这些缺陷，使产量提高。但也不是密度愈大愈好，在一定条件下有一个合理密度范围，超出这个范围，就不能收到预期的效果。

限制放养密度的因子，除了鱼体的活动空间外，最主要的是水质问题。首先是溶氧含量，其次是鱼排泄物污染。生产中决定合理的放养密度应根据养殖水体条件、饵料状况、鱼种的种类和规格以及管理水平等多方面的条件来考虑。

五、轮捕轮放

所谓轮捕轮放，就是指鱼种在一次放足的基础上，随着鱼体长大，一年中分几次将达到食用鱼规格的个体捕出，同时补放一部分鱼种。因此轮捕轮放可概括为：一次放足，分期捕捞，捕大补小。

轮捕轮放使养殖水体始终处在满负荷状态，充分利用水体。珠江三角洲的淡水养殖还创造了多级轮养技术。多级轮养就是根据各种养殖鱼类的生长特点，在整个饲养过程中，分成若干个阶段，在不同大小的水体内进行饲养，即大鱼在大塘中饲养，小鱼在小塘中饲养。

六、投饵与施肥

投饵包括投喂天然饵料如小杂鱼和人工饵料。施肥主要是针对池塘养殖，其目的主要是培养饵料生物，如鲻鱼等需要底栖藻类和有机碎屑，鱼苗需要浮游动物等。优质和充足的饵料是养殖高产的物质基础。目前海水网箱养殖的饵料主要是天然冰鲜小杂鱼，虽然有其长处，但其缺陷也不可忽视，如利用率不高、营养不全面、残饵污染严重等，但人工饵料的开发目前还不够理想。一方面与研制开发水平有关，如营养配方不尽合理、加工水平低、成本高等，同时也与广大渔民的养殖习惯、思想观念有关。他们的认识有误区，以为人工饵料营养不如小杂鱼。其实不然，人工饵料不仅营养全面，而且来源有保障。一项养殖产业要获得稳定发展，必须具备 2 个条件，一个是人工种苗，一个是人工饲料。

饵料的投喂要做到“四定”：

1. 定质：饵料要新鲜、适口、优质，不喂变质饲料。

2. 定位：投喂饵料须有固定食台。

3. 定时：固定时间投喂。

4. 定量：应根据鱼体重量制定投饵量，一般为鱼体重的10%以下，投饵时要求均匀投喂，不可忽多忽少，并根据鱼的吃食情况、天气、水质等具体条件灵活掌握。

七、病害预防（见第六节）

八、养殖管理

1. 管理的基本内容

（1）经常巡视池塘、网箱，观察鱼体动态。一般早、中、晚各巡视1次，黎明时观察池塘有无浮头现象，网箱一般缺氧浮头的情况少，但也应注意观察鱼体活动状况。白天结合投饵和测水温等工作，检查鱼吃食和活动情况。傍晚检查全天吃食情况和鱼活动状况，根据吃食情况，调整投饵量；结合鱼活动情况，判断鱼体健康状况。

（2）随时除草去污，保持水质清新和环境卫生，及时防除病害。池塘要定期去除杂草。随时保持养殖水环境清洁卫生，及时捞除污物、杂物和死鱼等，网箱养殖中这种情况特别严重，可经常见到很多塑料胶袋、瓶子、死鱼、杂物等漂浮在网箱周围，对养殖很不利。这些杂物容易附着病原生物随水漂流，四处传播。

（3）掌握池水注排，保持适当水量，随着鱼的生长，池水要不断加深。因为池水蒸发、渗漏，应经常添加新水，保持池塘水量。

（4）经常检查网箱状况，及时补漏、防逃、清洗、更换网衣。网箱养殖应注意防止网衣破烂逃鱼和网衣的清洁更换工作，网衣上易附着各种生物和污物，堵塞网眼，使网箱内外水体交换不畅，影响水质。

（5）定期检查鱼体，做好养殖日志。定期（半月或一月）检查鱼体生长情况，判断前一阶段的养殖效果，以便及时调整技术措施。

养殖日志是养殖措施、鱼体状况及数量动态和水质状况的简明记录，据以分析情况、总结经验、检查工作的原始数据和作为下一步改进技术、制定计划的参考。实行科学养鱼，一定要做好每口池塘、每口网箱的日志记录，这是最基本的工作。

日志通常应包括下列项目：

①日期：年、月、日

②天气：晴、云、阴、雨、风等

③气温和水温：一般每日 2 次，天亮前 1 次，下午 2～3 时 1 次

④水色、水质：定期（1 周或 10 天）测量盐度、pH 值、溶氧、三氮等指标，在天气不好时应增加测量次数。尤其要注意盐度和 pH 值。

2．4～5 月份，水温逐渐升高，水质逐渐转浓，如遇天气变化，池鱼往往发生暗浮头：大批鱼集中在水的上层，尚未达水面，持续下去会引起上层水缺氧而浮头。

3．浮头轻重的判断

（1）浮头开始时间：黎明开始浮头为轻浮头，半夜或上半夜开始为浮头。

（2）浮头的范围：鱼池中大部分浮头为轻浮头，整个池面都有浮头为重浮头。

（3）鱼受惊时的反应：浮头的鱼稍受惊动（如击掌、手电照射等）即下沉，稍停又浮头为轻浮头，如受惊时不下沉，为重浮头。

（4）浮头鱼的种类：不耐低溶氧的鱼浮头为轻浮头，耐低溶氧的底栖鱼类浮头为重浮头。

4．浮头的解救

当预测可能发生浮头时，应立即采取增氧措施，预防浮头，同时停止施肥，控制投饵。当发现暗浮头时应及时注水或开增氧机。另外，就是在一天中溶液氧最高时开动增氧机，使整个池水溶氧均匀、含量高。

当发生浮头时应即时采取增氧措施，如开增氧机，抽水冲水、施用增氧剂等，缺少设备时也可用黄泥、明矾等沉淀水中悬浮物，减少耗氧微生物和有毒物质，也可缓解浮头。

第六节 病害防治

一、病害种类

1. 按病原分，有病毒病、细菌病、真菌病、藻类病、原生动物病、蠕虫病、甲壳动物病、其他病虫害、蛭病、钩介幼虫病、藻类中毒、饵料中毒、重金属中毒、机械操作、理化刺激、环境和水质变化、营养缺乏等。

2. 按发病部位分，有皮肤病、鳍条病、鳃病、胃肠病、肝病、肾病、脾病、鳔病、生殖腺病、心脏病、神经病、眼病、骨病、肌肉病、血液病、肿瘤等。

二、病鱼和健康鱼的区分

1. 活动：鱼体有病时一般在水表层缓慢游动、不活泼，或狂游、打转、平衡失调、离群独游。

2. 体色、体形：正常鱼体色鲜艳，体表完整有光泽。病鱼体色、体表无光泽、颜色暗淡、脱鳞或有斑点，长“毛”，鳍条缺损、消瘦或腹部肿大、肛门红肿等。

3. 摄食：正常鱼食欲旺盛，见饵即抢。病鱼则食欲减退，不抢食甚至不摄食。

4. 脏器：如鳃、肠、肝、脾、肾、鳔、胆等脏器和组织也出现各种变化，如充血、硬化、坏死、颜色不同等。

三、鱼病现场调查

1. 发病情况调查：包括调查死鱼数量、种类、大小，病鱼活动情况、病兆特征，水体饲养鱼的种类、数量、大小、种苗来源、病程长短、死亡高峰、发病时间、季节，当时的气温、水温、盐度、pH 值、溶氧，养殖场周围的工厂排污和水源情况，以及平时的预防措施和发病后已采取的措施等。

2. 饲养管理情况调查：包括调查鱼塘或网箱的放养密度，投饵次数、数量，饵料的种类和质量，饵料的来源、贮藏、消毒、投喂情况，池塘或网箱的消毒情况等。

3. 气候、水质状况调查：根据技术手段情况，主要检测温度、盐度、pH 值、溶氧、三氮、水色、透明度、硫化氢等有关污染指标。

四、病鱼的检查、诊断

1. 常用工具：显微镜、解剖刀、剪刀、镊子等。

2. 取材：应选择晚期病鱼作材料，已死的鱼不能作取材用，数量应达3～5尾。

3. 检查顺序：从外到内、由表及里，先体表，后血液、脏器、组织。体表、鳃、肠为必检部位。目检和镜检相结合。

(1) 体表：先目检各部位，如眼、吻、鳍、鳞、肛门、尾、鳃等的损伤、充血等情况，然后取病兆部位的黏液在显微镜下检查。镜检时先低倍镜，后高倍镜。

(2) 血：从心脏取血，滴在载玻片上镜检，并记录血的颜色等。

(3) 鳃：目检鳃外形是否完整，颜色是否正常，有无充血、脓肿，有无大型寄生虫等，并取黏液镜检。

(4) 内部器官：从肛门沿腹部底线和侧线剪开，去除一侧腹壁，露出整个内脏。先目检各部位，再镜检。胃肠道可分胃、前肠、中肠、后肠分段检查，注意胃肠内食物充满情况，胃肠壁有无发炎、溃烂，有无充血、黏液，有无大型寄生虫、蠕虫、孢囊等，然后刮取黏液镜检。

4. 诊断：鱼病的诊断是最复杂的一环，需要在实践中反复学习，有些疾病只是单一感染，有的是几种病原复合感染，有的病可凭目检诊断，有的需要镜检，有的需要做更深入的实验才能诊断，有的病在当时技术条件下可能还不能诊断。

五、鱼病发生机理

鱼病的发生是与病原、环境和自身状况三者相关的，是三者之间相互作用的结果。

1. 病原：包括病毒、细菌、寄生虫等各种病原生物。有些病原生物是专性致病微生物，即不论什么条件下都有可能致病；另一些微生物，如有的弧菌、黏细菌、假单孢菌、气单孢菌等在水质条件好时一般不致病，即使鱼体感染也不致病，而一旦环境恶化、鱼体抵抗力下降，这些微生物就由不致病转化为致病，称之为兼性致病菌，也称为条件致病菌。

细菌感染主要是分泌外毒素或菌体分解产生内毒素，导致鱼体中毒、发炎。

2. 环境因素：环境因素的作用是复杂的，对鱼和病原生物都有影响。最重要的因素包括溶氧、pH 值、有机物、氨、硫化氢等，重金属、农药等有毒物质虽然具有致死作用，但在养殖生产中的危害不常见。而前述几种因素却广泛存在，并且相互影响、相互作用。其中以溶氧为第一重要，其次是 pH 值。它们的含量及其变化直接影响鱼体和有机物的分解及氨、硫化氢等的含量与变化，详细情况见第一章第四节。

3. 鱼体因素：（1）种质特征，有的鱼抗病力强，有的鱼抗病力弱；（2）饲养状况，如密度、饵料营养等。

六、常用药物

1. 生石灰：石灰对池水有缓冲、解毒、增肥、杀菌作用，应用广泛。

（1）清塘：排干水后清塘每亩用 50 ~ 75 公斤。如果水深 1 米，每亩用 125 ~ 150 公斤。

（2）解毒：石灰能与水中重金属离子如铜、锌等形成络合物而降低其毒性，改良水质，用量 20 ~ 30 ppm，全池泼洒。

（3）调节 pH 值：根据水体 pH 值而定，一般用量 10 ~ 20 ppm，全池泼洒。

2. 漂白粉：又称含氯石灰，含有效氯 25% ~ 30%，具有杀菌作用，是常用消毒剂。

（1）清塘：如果水深 1 米，每亩用 13 ~ 13.5 公斤，与生石灰合用。排干水后清塘时，每亩用漂白粉 5 ~ 6 公斤，生石灰 60 ~ 80公斤。

（2）用于防治细菌病：预防 1 ppm 全池泼洒。浸洗用8 ~ 10 ppm。

3. 强氯精：广谱杀菌剂，水温 20 ℃以上效果更好，预防用 0.2 ppm 全池泼洒。内服每 100 公斤鱼用 40 ~ 60 克，可连续投喂 2 ~ 5 天。

4. 食盐：浸泡，用量 6% ~ 7%。可治疗海水鱼体表的寄生虫等病。

5. 淡水：利用渗透压的作用，可作海水鱼的消毒剂和杀虫剂。

6. 聚乙烯吡咯烷酮碘：商品名叫皮维碘，外用消毒剂，棕黄色粉末，对多种细菌、真菌、病毒都有杀灭作用。外用500～600 ppm，内服每100公斤鱼用皮维碘2～5克。

7. 高锰酸钾：一种氧化剂，具杀菌、杀虫作用，用10～15 ppm浸泡10～30分钟防治烂尾病、溃疡病等细菌病和单殖吸虫病。

8. 硫酸铜：用于杀除体外寄生虫，通常用0.5 ppm的硫酸铜与0.2 ppm的硫酸亚铁合剂全池泼洒或2 ppm浸泡。

9. 敌百虫：有机磷农药，白色结晶。外用可防治粘孢子虫、单殖吸虫、甲壳动物引起的疾病，内服驱除线虫、棘头虫、绦虫等寄生虫。可用0.1～0.2 ppm全池泼洒，或淡水配p ppm浸泡3～5分钟。

10. 福尔马林：为含31%～40%的甲醛水溶液。不能与漂白粉、强氯精、高锰酸钾等氧化剂混用，可用于消毒、杀菌、驱虫。全池泼洒用20～35 ppm，浸泡用150～200 ppm，可防治各种单殖吸虫病。

11. 吗啉胍：商品名病毒灵。可治病毒性出血病，每100斤鱼用2～5克，喂3～5天。

12. 孔雀石绿：防治水霉病和原虫病。毒性强，有残毒作用，现已很少用。

13. 磺胺类药：具广谱抗菌作用。主要用于防治细菌病、球虫病，给药方式有注射、浸浴、口服。一般每100公斤鱼连续喂6天，第一天用药5～10克，以后减半，搅拌饵料投喂。

14. 呋喃类药：广谱抗菌剂。常用的有呋喃西林、呋喃唑酮等。后者可口服。泼洒用0.05～0.2 ppm，浸泡用15～25 ppm，口服每100公斤鱼用1～2克，喂3～6天，防治细菌性肠炎等。

15. 抗生素：种类很多，常用的有土霉素、四环素、氯霉素、金霉素、青霉素、链霉素、红霉素、制霉菌素等，对细菌、病毒、原虫、霉菌都有抑制作用，可口服、注射、浸浴。

16. 中草药：中草药防治鱼病具有毒副作用小、对环境无污染的特点，现逐渐受到重视。但目前多为民间草药用方，中成药产品较少。常用的有地锦草、水辣蓼、铁苋菜、大蒜、大黄、乌桕叶、穿心莲、苦楝等，用于杀菌、驱虫。

七、给药方法

1. 挂袋挂篓法：把药物放在布袋或竹篓里，挂在鱼食场周围，达到消毒、防病作用。

2. 浸泡法：将药溶解在容器内，对鱼进行药浴。常用于鱼种入池、转池、转箱时消毒用。

3. 全池遍洒：此法作用较彻底，但安全性差，用药量一定要准，关键是测量水体要准，池水体积（米^3）=面积（平方米）×平均水深（米），用量为1米^{3}水体用1克药物。

4. 浸渍法：中草药用此法。将中草药捆成束，堆放在池四周，让其沤烂、扩散，达到消毒预防目的。

5. 涂抹法：软膏或浓度大的药涂抹于患处，一般对少量鱼用此法，用药较安全。

6. 口服法：一般将药与淀粉等黏性物质混匀拌在饵料中投喂，此法对已不进食的鱼无效。

7. 注射法：此法见效快、疗效好。一般用于急救或预防。

八、主要防病措施

主要是四消四定，即池塘或网箱消毒、鱼种消毒、食场消毒、工具消毒和投饵的定时、定位、定质、定量。

1. 池塘、网箱消毒：池塘在放养前必须用药物清塘消毒处理，最好是干塘消毒。常用药物有生石灰、漂白粉、菜粕、鱼藤精、五氯酚钠等，其中以生石灰和漂白粉最好，副作用小。网箱更换时也应进行消毒。

2. 鱼种鱼体消毒：鱼种放养时应进行消毒，网箱养殖也不例外，以免带进外来病原体，凡是鱼从一个地方移到另一个地方，均应进行消毒，常用药物有硫酸铜（14 ppm）、福尔马林（150～200 ppm）、高锰酸钾（10～15 ppm）、漂白粉（8～10 ppm）、敌百虫（1 ppm）、食盐水（6%～7%）、淡水、呋喃西林（15～30 ppm）等。

3. 饵料食场消毒：有些种类的海水鱼不吃已沉底的食物，

因此不能用食台，对于能够到食台摄食的要尽量用食台，并定期对食台进行消毒，而对于不能用食台的种类也应固定在某一地方投喂，并定期清除残饵，对底质定期消毒。尤其网箱养殖要注意清除残饵、定量投饵、宁少无多，并对网底定期消毒。同时可按80∶20比例投放杂食鱼类清除残饵。在计算投饵量时不考虑这20%的杂食鱼数量。

4. 工具消毒：常用的操作工具、投饵工具，包括网、桶、盆、绞肉机等要经常消毒，以免传播疾病，尤其在病害流行季节。消毒方法是曝晒、漂白粉（木制工具）、硫酸铜（网具）等。

5. 严格做到“四定”，关键是定质，即饵料要新鲜、优质，这是提高鱼体抵抗能力的重要一环。

6. 严格的科学饲养管理：养殖中所有技术参数必须科学合理，如放养密度、投饵量、用药和用药种类等。对于网箱养殖来说，另一重要环节是保持鱼排间的合理距离，目前有好多海湾，网箱养殖一哄而上，鱼排密密麻麻、布局混乱，导致水流不畅、水质变差、养殖负载过高。

再就是养殖环境卫生问题，网箱养殖尤为突出，可能是渔民存在这样的一个认识误区，以为大海水面大、交换好，所以把垃圾杂物随便往海里扔，结果养殖海区海面到处是垃圾，到处都有死鱼，这些漂浮的杂物、死鱼就成了病害滋生、传播的“使者”。

网箱养殖生产中对环境的污染还体现在饵料污水和生活污水方面，由于大部分养殖户都是在鱼排上进行饵料加工（切碎），因此大量污水直接冲到养殖区；另一是生活污水，主要是饮食污水。这些污染源对环境的影响绝不可小看，应引起广大渔民朋友注意。

7. 人工免疫：注射人工疫苗，也是预防疾病的重要手段。

第三章　虾蟹类养殖

第一节　主要养殖种类

一、虾类的形态结构

1. 外部形态：虾体分头胸部及腹部两部分（见图5）。头胸部由头部6节和胸部8节愈合而成，背、侧由一甲壳包被，称为头胸甲。头胸甲前端中央突出形成额角（剑）。腹部7节，比头部细长，各节分节界明显，末节为尾节。除头部第一节和尾节外，其余各节均有附肢。

2. 内部构造：包括肌肉系统、消化系统、循环系统、神经系统、排泄系统和生殖系统，内脏器官大多集中在头胸部（图6）。

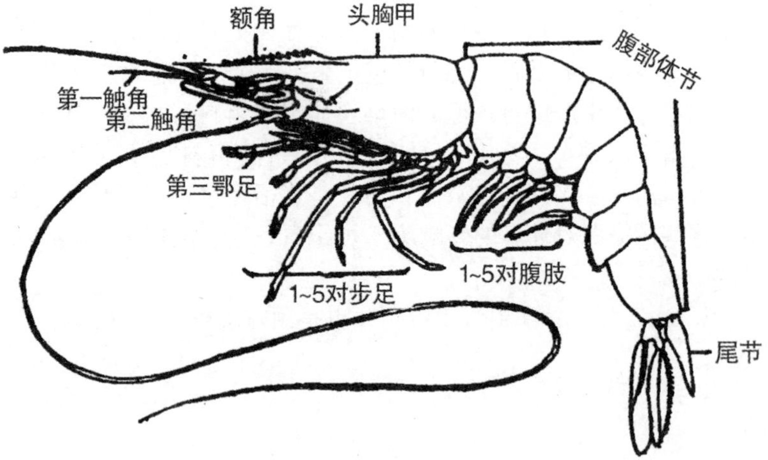

图5　对虾形态结构

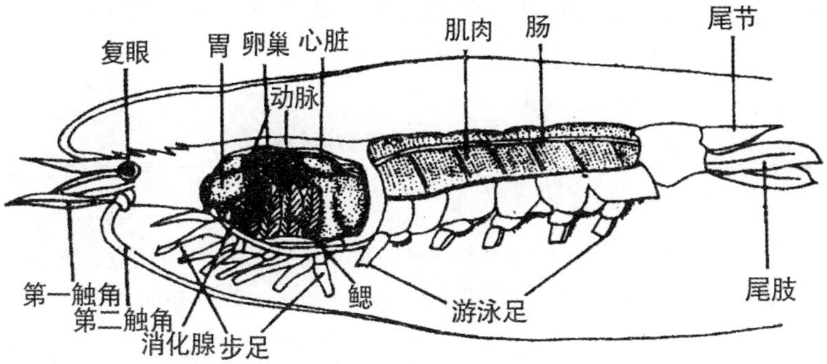

图6　对虾内部结构

二、主要经济虾蟹类

1. 对虾属

中国对虾、长毛对虾、墨吉对虾、日本对虾、宽沟对虾、斑节对虾、短沟对虾等。

2. 新对虾属

中型新对虾、刀额新对虾（基围虾）、近缘新对虾（麻虾）、周氏新对虾、独角新对虾等。

3. 龙虾属

中国龙虾、锦绣龙虾、波纹龙虾、日本龙虾等。

4. 仿对虾属

刀额仿对虾（沙虾）、角突仿对虾、亨氏仿对虾、哈氏仿对虾等。

5. 沼虾属

罗氏沼虾、日本沼虾等。

6. 青蟹属

锯缘青蟹。

三、广东省主要养殖种类简介

1. 主要种类：随着优良新品种的不断开发，养殖种类也随之不断发展、变化。广东早期主要是鱼塭养殖基围虾、麻虾等，上世纪80年代中期以前主要养墨吉对虾、长毛对虾和中国对虾，之后逐渐开始养斑节对虾，并成为当家品种。现在又开始试养南美白对虾。广东目前养殖的主要虾种有：斑节对虾、中国对虾、日本对虾、基围虾、麻虾、罗氏沼虾、南美白对虾、墨吉对虾、长毛对虾等。蟹类主要是锯缘青蟹。

2. 主要特点：见表1

表1　广东主要养殖虾类特点

种类	优　点	缺　点
斑节对虾	个体大，生长快，食性杂，盐度适应范围广，耐低氧，能鲜活运输、出售等。	亲虾不能人工培育，育苗难度大，虾苗贵，不适应低温等。
中国对虾	个体大，生长快，壳薄，肉质好，适盐范围广，亲虾易成熟。	不耐低氧，因而不能鲜活出售，不适应高温等。
日本对虾	适温范围广，耐低氧，易鲜活出售。	个体小，生长慢，不适应低盐。
基围虾	繁殖能力强，生长快，温、盐适应范围广，耐低氧，易鲜活出售。	个体小，产量低。
罗氏沼虾	个体大，生长快，食性广，抗病力强，产量高，耐低氧，能鲜活出售。	淡水养殖，味道不及海水虾鲜香。
南美白对虾	个体大，生长快，食性杂，全年可育苗和养殖，抗逆能力强，耐干运，能鲜活出售。	只适应高温，成熟亲虾不易捕捞。
墨吉对虾	壳薄肉质好，亲虾易得，虾苗便宜。	不适应低温、低盐，不耐低氧，不能鲜活出售。
长毛对虾	壳薄肉质好，亲虾易得，虾苗便宜。	不耐低氧，不适应低盐、低温，个体较小。

第二节 斑节对虾的繁殖生物学与繁殖设施

斑节对虾是热带、亚热带的大型对虾种类。广东俗称鬼虾、角虾，台湾称草虾（Grass Prawn），菲律宾称虎虾（TigerPrawn），泰国称之为“Sugpo”。广泛分布于西太平洋和印度洋热带水域，包括日本南部、朝鲜、台湾、香港、海南岛、菲律宾、马来西亚、斯里兰卡、巴基斯坦、澳大利亚以及非洲东岸和南部。

斑节对虾不仅具有个体大、生长快、肉质鲜美和经济价值高的优点，还具有如下特别适合于人工养殖的特点：（1）广盐性，在5% ~50‰盐度的海水中均能进行渗透压调节；（2）广温性，在10 ~38 ℃之间即使以每小时变化2度的速度改变仍能良好生存；（3）杂食性，对蛋白质要求低（40%左右），换肉率高；（4）喜栖泥质底，可降低养殖池的建设费用。

一、繁殖生物学

1. 成熟年龄

自然海区的亲虾一般在一龄以上才达到性成熟，人工养殖的亲虾在自然状态下不能发育成熟。人工诱导成熟的最小规格为5月龄，体重57克。

2. 卵巢发育

一般分为四期，也可分为五期。

I. 未成熟期（Immature Stage）：卵巢狭细、半透明，集中于腹部，由卵母细胞和卵子组成。卵细胞的平均直径为0.035 mm。

II. 发育早期（Early maturing stage）：前叶开始发育，卵巢背部呈淡黄色或淡绿色，卵黄粒不透明，平均卵径为.0.177 mm。

III. 发育后期（Late maturingst，age）：卵巢呈浅绿色，透过甲壳明显可见，前叶和中叶发育良好。卵子不透明，平均卵径为0.215 mm。

IV. 成熟期（Maturing staze）；卵巢深绿色，体外明显可见，卵巢丰满，中心向外呈辐射状排列，卵径平均为0.235 mm。

V. 产后期（Spent Stage）：卵粒已排空，回复到I期状态。

吸水后的受精卵平均卵径为0.29 mm。

组织学切片检查表明，切除单侧眼柄的亲虾卵巢在K期开始沉积卵黄（Vitellogenesis）。成熟卵粒呈圆形，透明。产出后逐渐沉入水底。

成熟精液呈乳白色，精子由圆球状的头部和一短小的针杆状尾部组成。雄虾不用切除眼柄即可自然成熟，成熟精液储于精夹和输精管中。交配时将精夹插入雌虾的纳精囊中。

3. 怀卵量

怀卵量多少与个体大小有关，个体越大怀卵量也越大，头胸甲长（Carapace Length）50～80 mm的个体怀卵量为20万～80万粒/尾，平均为50万粒/尾。在人工诱导下，产卵数量变化很大。

4. 繁殖季节

在热带地区，生活于自然海区的亲虾几乎全年可产卵，但主要集中在两个高峰季节：2至4月和8至10月。

5. 性比

自然海区亲虾繁殖群体的性比现在还不大清楚。在人工催产情况下其比例究竟多少比较合适目前尚无定论，一般采用1∶1。

6. 繁殖习性

斑节对虾的产卵活动在21：00～03：00之间进行。雌虾在中上层缓缓游动，最后三对步足紧紧靠拢，泳足强力划动，一卵从生殖排出，位于生殖孔上的纳精囊射出精液，在泳足的搅动下完成受精过程。一次产卵活动约2～7分钟。受精卵悬浮数分钟后沉入水底。人工诱导情况下，可产卵4～6次，自然状态下是否分批产卵尚不清楚。

7. 繁殖场所

斑节对虾的产卵场主要在离岸50公里的海域内，水深20～70米，盐度33%～36%，只有少数在海湾或河口地区。产卵场大部分为泥质底，斜度较大，多数在潮流涌动所及的区域。

二、育苗场及其必要的设施

1. 育苗场地的选择

育苗场地最好选择海区沙质底、水质较澄清、盐度较稳定的地区，周围水质不受工业污水、船舶油污、城市排水、农药及印染废水等的污染，交通便利，有足够的电力和充足的淡水水源。

2. 育苗池

一般为水泥池，水体大小视亲虾来源以及室内或露天池等有差别。通常是每个池 20～100 立方米。室内池宜 30～50 立方米。南海沿岸的对虾育苗池多数是设在露天或棚式，育苗池是 50～100 立方米为多。在一个育苗厂内，最好有不同规格的池以适应亲虾来源的数量变化。

池形以长方形为好，池深 1.5～2.0 米，池内角为弧形，池底倾斜度 2%～3%。半埋式。在池底最低处设有排水孔，便于排水、洗卵和出苗。在距离池底 30～50 厘米处设有排水孔，孔径的大小应根据育苗池大小而定，一般为 8～15 厘米。育苗池还要设有进水、加温和充气管道，必要时加设淡水管道。各种管道安装要牢固安全、操作与维修方便。

每个或两个育苗池要设一个出苗池，规格为 1.2×1.0×0.8 米。出苗池底低于育苗池排水孔 40 厘米，且有排水设施、闸板等以控制水位。

3. 产卵孵化池

亲虾产卵可以直接在育苗池内进行，但是由于育苗池较大，操作和换水不方便，因此，南方不少对虾育苗厂均有产卵孵化池，让亲虾产卵孵化后才移入育苗池培育，这样育苗池水质就较好。池有长方形和圆形两种，后者较理想，充气易使卵分布均匀。池底要高于育苗池水面，使幼体能自动流人育苗池。在距池底应设排水孔、排污孔，在池底 10 厘米处再设一个排水管以备洗卵时排除污水和输送健壮的幼苗用。池的面积 2～5 平方米，水深 1～2 米，此池可以兼作为卤虫孵化池。

4. 饵料室

主要用来培养单胞藻、轮虫和卤虫。用单胞藻作为对虾育苗前期的饵料，成活率高、水质好；从蚤状幼体开始，可以添加喂轮虫作为幼虫饵料；糠虾幼体以后用卤虫与人工饵料结合的方式育苗。采用饵料生物育苗，可获得高产稳产，使虾苗健壮。一般饵料池的面积要比育苗水体的大数倍。

5. 供水设施

包括蓄水池、沉淀池、高位水池、砂滤装置、水泵及进排水管道、阀门等。育苗用水如果直接抽提海区清净的新鲜海水或打海水井，则可不用蓄水池，受条件所限可建纳潮式的蓄水池。蓄水池原则上宜大不宜小，最好能满足一个汛期的用水，而且池要深些，这样水温稳定，利于育苗。沉淀池应建 2 个以上，水体应为育苗池和饵料池日最大用水量的两倍，海水经过 24 小时的沉淀效果会好些。砂滤池应高出各种池子，其大小应视海区水质状况与用水量而定，要建两个以上为好，以便轮换使用。水泵应根据吸程、扬程和育苗总水体进行选用，通常多使用潜水泵。供水系统的各种阀门和管道禁止用铅、铜、铁、钢和镀锌制品，橡皮管尽量少用。应使用对幼体无害的聚氯乙烯管、水泥管。阀门可使用塑料或陶瓷材料的制品。

6. 充气增温设施

充气系统包括充气机、送气管道、散气石或散气管。增温的方式有两种，即锅炉蒸汽增温和使用电加热器增温。充气机普遍使用罗茨鼓风机，鼓风机每分钟的送气量应达到育苗池总水体 1.5% 以上，因此可选用多台不同风量、同样风压的鼓风机组成鼓风机组，根据育苗水体灵活调节送气量。在育苗池水深 1.5 米以上时，应选用风压为 0.35 ~0.5 千克/厘米的鼓风机。送气管分为主管、分管和支管，主管常用口径 12 ~18 厘米的硬质塑料管，与鼓风机连接；分管是通向各个育苗池的口径 6 ~9 厘米的硬质塑料管；支管为通入池中的塑料软管，末端接散气石。散气石的铺设为每平方米一个。塑料散气管管径 30 毫米，每隔 2 ~5 厘米钻一个 0.8 毫米孔径的小孔排列成一条直线。散气管的间距 3 米左右，固定于距离池底 3 ~5 厘米处。使用锅炉蒸汽增温时，蒸汽通过池内的盘管使水温上升。加热盘管一般采用普通钢管制成，需涂敷环氧树脂，并用玻璃纤维布包裹。加热管设置一般距离池壁和池底 30 厘米，每池单独设置控制通气量的气阀，也可通过控温仪达到水温自控的目的。电加热一般适用于较小的育苗水体。

三、育苗前池、水处理

1. 育苗池的处理

育苗池在使用前要浸泡、洗刷和消毒，目的是将池壁中有毒物质浸出，降低池壁水泥的碱性物质；检查是否有渗漏；杀死有害的生物。新建的水泥池一定要浸泡一个月左右才可使用，亦可加入工业盐酸或醋酸以缩短浸泡时间。

新旧育苗池在使用前要严格洗刷。即使旧池也要泡一段时间，然后用 50～100 ppm 漂白粉或 5% 左右的高锰酸钾溶液消毒，冲洗干净后才能进行育苗。

2. 育苗用水的处理

水质是育苗的关键，育苗用水的处理，原则是保证良好的水环境条件，使育苗能顺利进行。育苗用水的处理方法有：

（1）砂滤法　经沉淀后的海水，进入砂滤装置，由于砂层的沉淀及凝聚作用，能滤掉海水中的绝大部分生物和悬浮物，能较好地防除育苗生产中的生物敌害。

（2）紫外线、臭氧消毒　育苗用水经紫外线照射或臭氧消毒，可杀灭海水中的一切生物。

（3）化学处理法　是一种较彻底的处理方法。将沉淀后的海水用次氯酸钠、漂白粉、漂白精或二氧化氯等含氯制剂消毒，使用前要检测余氯并用硫代硫酸钠中和之。

第三节　主要养殖模式述评

广东对虾养殖，在上世纪 50 年代主要是采用鱼塭养殖、自然装捞为主。鱼塭多为围湾筑堤而成，面积很大，通过闸门进排水装捞鱼、虾等，因此还谈不上人工养殖。真正的人工养殖于上世纪 70 年代末 80 年代初相继在沿海各地开展起来。起初主要是养殖本地产的长毛对虾、墨吉对虾、中国对虾等，80 年代后期开始养殖斑节对虾，它现在已成为对虾养殖的当家品种。本节主要介绍斑节对虾和锯缘青蟹的养殖模式。

一、现有养殖模式述评

根据养殖技术措施的主要特点，广东的对虾养殖模式大概可分为：

1. 大排大灌养殖。主要技术特点是每次涨潮时都进行换水。1992 年以前主要是这种养殖模式。早期的这种养殖方式主要是借鉴于北方，池塘多为盐田改造而来，面积较大、水较浅，池中挖深沟。由于经常大排大灌，其结果就是导致养殖海区污染，病害流行，于是演变为以下各种模式。

2. 半封闭式养殖。因为海区污染严重、病害多，为了防病而减少进排水次数，只在必要的时候进行换水，称之为半封闭式养殖。

3. 封闭式养殖。在整个养殖周期中都不换水，其目的也是为了防止外源病原进入。

4. 淡化养殖。在有淡水水源的地方，当斑节对虾养殖到一定时间后逐渐加淡水以降低盐度，从而防止病害生物大量滋生，同时也可促进对虾生长。

5. 淡水养殖。近年来由于海区虾病严重，有的科技人员正在探索淡水养殖。所谓淡水养殖，即在内陆淡水池塘中加入一定的人工海水盐配方，并美其名日“生长素”，实际上就是在淡水加入盐配成一定浓度的人工海水，用于养斑节对虾，逃避海区病害的危害，有的行政部门也在推广这种养殖技术。作者是不赞成这种做法的。因为这种“逃避”战术不能从根本上解决问题，相反存在严重的潜在危险。说它不能从根本上解决问题，是因为它在养殖技术上没有根本性的改变，这样，在一个新环境中对虾短期内不会得病，时间一长一样会有病，实际上新挖的海水池塘也不会得病。说它有潜在危险是指在淡水中加入大量的盐，这对淡水是严重的污染，排出来的人工海水日积月累，对周围水环境的危害不可忽视，不排除有盐碱化的可能。这样良田就会变成荒地，需要引起有关部门的警惕。在对这种养殖技术的潜在危害未进行认真科学地评估以前，不宜大量推广。

6. 高位池养殖。所谓高位池，就是建在高潮线以上的虾池。和传统虾池相比，除了位置关系外，在池塘建造质量上也不相同，高位池的堤一般为水泥护坡，有较好的排污系统。主要目的是杜绝蟹类等甲壳动物打洞钻进虾池，防治白斑病毒病，因为甲壳动物是该病毒病的天然宿主和传播媒介。但这种虾池建造成本高、养殖费用也相对较高。

高位池有很多重要的优点，主要包括：（1）扩大了养殖海区。传统的虾池只能建在潮间带，而高位池则不受此限制，因此可以开辟很多新的养殖场地。(2) 排水方便，有利于防病。但高位池养殖一定要注意技术配套，目前高位池的养殖技术和传统虾池养殖并没有质的区别。如果不注意技术改进，发展到一定阶段，照样会暴发病害，因为高位池可以隔绝甲壳动物的进入，但隔绝不了细菌的滋生。由于投入了大量的建池成本，很多养殖户进行高强度养殖，希望在短期内甚至当年收回成本，但却不顾海区污染不顾长远利益。因为高位池一般建在传统虾池不能建的地方，因此在早期养殖一般都很顺利，但高位池数量一旦增多，对海区污染会日益严重，且随着池的老化，病害的暴发随时会发生。目前已有这种情况出现。因此一定要端正心态，切不可急功近利、杀鸡取卵，否则所有养殖海区都被破坏，淡水也被污染，就无处可养虾了。

7. 混养模式。混养是指在对虾养殖池中搭养一定数量的其他种类，以充分利用虾池空间和残饵，互利共生。是一种值得大力提倡的生态养殖模式。混养的形式有“虾鱼”、“虾贝”、“虾蟹”、“虾藻”以及“虾鱼藻”、“虾贝藻”、“虾蟹藻”等。其中，鱼、贝、蟹可充分利用残饵，藻可改善水质、提供栖息空间。混养的关键是搭配品种的选择、混养比例和放养规格的确定。可混养的鱼类有罗非鱼、鲻鱼、梭鱼、斑鲦、黄鳍鲷等，可混养的贝类有鸭嘴蛤、文蛤、缢蛏、泥蚶等，可混养的蟹主要是青蟹、花蟹，可混养的藻目前主要是江蓠，但江蓠并不是最佳选择，因为它是丝状。

二、健康养殖模式

所谓健康养殖，不外乎 2 个方面。一方面是不破坏环境，所有养殖活动对环境不产生负面影响。另一方面，就是有益于养殖对象的健康。两方面是相互促进、相辅相成的。一个良好的环境有利于养殖生物的健康，病原生物也较少。相应地，一个健康的个体，抗病能力强，能减少药物用量，有利于维护环境质量。

1. 现有养虾技术对环境的破坏。所谓环境，包括理化因子和生物因素，理化因子主要包括溶氧、pH 值、碱度、硬度、有机物、生化耗氧量（BOD）、化学耗氧量（COD）、盐度、有毒气体、重金属等，生物因子主要包括微生物（有益微生物和有害微生物等）、浮游生物（动物和藻类）、底栖生物等。目前，养虾生产中对环境的负面影响因素主要有：滥用药物、残饵、排泄物污染。消毒、杀菌药物不仅对病原生物有杀灭作用，对有益生物也有杀灭作用，同时对养殖对象也有不利影响。水体中微生物是物质循环链中最重要、最关键的一环，是有机物的分解者，是将有机物转换为无机物的重要生物类群。因此，微生物群落的破坏严重干扰了养虾池中残饵等有机物的分解循环，破坏了生态平衡，导致水质恶化。目前养虾中对环境另一重要负面作用是投饵管理小善、残饵较多、对虾饵料的蛋白质含量较高，蛋白质富含氮和硫，而且在降解过程中会消耗大量溶氧，并产生酸化作用，导致pH 值降低。这些理化因子的变化非常不利于有益微生物和对虾的生长，并导致生物分解途径的改变，产生有毒中间产物以及 H_2S 和氨等。

2. 健康养殖的关键措施

（1）不施用对环境不利的消毒剂、抗菌剂和其他药物。池塘消毒用生石灰、漂白粉、强氯精、CO_2 等，不用敌百虫等农药，少用或不用茶子饼。最好只用生石灰，因为生石灰对生物没有危害作用，相反对环境还具有重要的改良作用；其消毒的原理只是使水体在短时间内 pH 值上升到 11.0 以上而杀灭池中所有生物，一旦 pH 值下降，残留物没有毒性。

（2）水体理化因子的调控与改良。水中溶氧一般可通过物理方法如增氧机等进行调节和改善，也可施用化学增氧剂如过氧化钙等，pH 值的调控可用生石灰，碱度、硬度的调节可用 $CaCO_3$ 等，其中最重要的是溶氧和 pH 值，二者对其他理化因子的影响非常大，同时也是对虾所必须的水质因子。详细资料见第一章第四节。

（3）有机物的调控与改良。对于对虾养殖来说，减少有机物的污染，第一是严格控制饵料投喂，第二是有效去除。控制投饵是关键，投饵量不能生搬硬套书本上的推荐用量，一定要通过搭设食台，根据摄食量的观察随时调整，达到严格控制投饵量的目的。池中有机物的有效去除方式很多，首先是在养殖前，彻底清塘，即把池塘的淤泥挖出来放在较远的地方暴晒，并施用生石灰，减少底泥中的有机物，这是最关键的一环。其次是施用有益微生物制剂（如南海水产研究所的利生素等）和增加摄食残饵的生物种类即进行多品种混养。再就是放养不要太密，要根据水体供氧状况和对虾活动空间需要而定。适量的放养密度可减少有机物的排泄量。

（4）无机物及重金属离子的去除。水体中无机盐过多，也会造成富营养化污染，去除的有效方法是栽培大型藻类进行调节。重金属离子的去除用络合剂较好。

（5）氨和硫化氢（H_2S）的去除。二者的毒性非常大，去除的最好方法是提高溶氧，维持正常的 pH 值。H_2S 也可用含铁制剂去除。

（6）改善饵料营养状况。目前对虾饵料的营养价值多以饵料系数、消化吸收率、蛋白能量比等来衡量，而没有从提高、增强免疫抗病能力，以及改善消化道微环境、促进代谢、吸收等方面考虑。因此，一种好饵料不仅要有利于生长，还要有利于改善对虾的生理机能，促进代谢、吸收，提高免疫力，增强抗病能力，还能自身分解残饵。这样的饵料才真正算绿色环保饵料。

（7）高标准的虾池。高产虾池的主要参数指标包括面积、水深、进排水系统。虾池面积不宜过大，一般 5 亩左右为宜；水深不能太浅，1.5 ~2.5 米较好，进排水分开。另外还要配备完善的机电设备，如增氧机、水泵等。

第四节 对虾病害防治

一、病害的种类

可分为生物性病害和非生物性病害。生物性病害包括病毒病、细菌病、真菌病、原虫病、蠕虫病等，非生物性病害包括营养性病、化学物质中毒、水质恶化致病、损伤等。

二、对虾发病机理

1. 致病因素：水体中病原生物等大量存在时可使对虾发病。

2. 环境条件：环境条件恶化时，不仅可直接对虾体造成危害，也可促使和加强病原生物的致病性，如某些条件性致病菌即如此。

3. 虾体抵抗力：当环境不好、营养状况差时，虾体抵抗能力差，容易得病。

4. 气候条件：高温季节、气候多变等因素，电会引起病害发生。

以上因素具有相互影响的联动作用，容易造成恶性循环。

三、虾病的检查与诊断

1. 现场调查观测

（1）发病虾池情况：面积、水深、水色、溶氧、pH 值、三氮、盐度、温度、透明度等，根据条件和需要测定。

（2）养殖管理情况：苗种来源、放养密度、现有虾数量、投饵量与方法、进排水情况、用药情况等。

（3）发病情况：开始发现得病的时间、发病虾池总面积、死亡情况、已采取的措施、以前发病史和处理情况等。

（4）病虾观察：活动能力、活动方式、病虾体色、对刺激的反应和虾体观察（包括体表、附肢、鳃、胃肠、肌肉、肝胰脏等）。

2. 解剖、镜检

当野外调查完毕，应取病虾样品（活虾）带回室内进行仔细的解剖观察。解剖观察顺序由外及内，先观察体表、附肢、鳃有无寄生虫，然后再镜检有无细菌病原。体外检测完毕再解剖观察胃肠、血液、肝胰等内脏的病变情况。必要时再做病理切片、细菌、病毒等分离、鉴定。

3. 诊断：根据肉眼、镜检，一般疾病即可诊断，但对于疑难杂症，则需结合组织病理切片、病原分离鉴定等结果综合分析，才能最终作出诊断。

四、虾病的综合预防

1. 清池、消毒：池底有机物、腐质土是导致水质变化、诱导病害的根源。清除池塘淤泥，并进行暴晒、消毒，可以减少病害的发生。

2. 肥水培育幼虾：虾苗放养应培育足够的天然饵料，这样虾苗下塘后能吃饱，对于成活和生长都有很大的帮助，有利于提高抵抗力。天然饵料的培育一般施用尿素和过磷酸钙。

3. 合理放养：首先要选择体质健壮的虾苗，而且虾苗规格应达到1.0厘米以上，放养密度以不得导致水质恶化为准，一般1~1.5万尾/亩。

4. 投喂优质适量饵料：饵料要新鲜，切勿投喂变质饵料。投饵要注意“四定”，并掌握好“七多七少”：养殖过程中，中、后期投喂多，前期少；夜间多，白天少；温度适宜时投喂较多，高低温时减少；水质好、溶氧高时多，水质老化、虾浮头时少；晴天多，风雨天少；虾脱壳后多，脱壳时少；无病时多，有病时少。但无论如何，都必须根据摄食情况具体而定。

5. 保持良好水质：水质要保持“肥、活、嫩、爽”。“肥”就是要保持一定的透明度，透明度太大或太小都不利于对虾生长，一般应30~40厘米之间，如果透明度太大，应施肥，如果透明度太小，应换水；“活”就是水色要有变化，一天之中要有变化，一段时间内（几天）也要有所变化；“嫩”，水色看起来很清新；“爽”，水色看起来很清爽，没有拖泥带水的感觉。另外，就是要防止水温、盐度、pH值等剧烈变化，保持相对稳定。

6. 应用微生物制剂改良水质：可用光合细菌、枯草杆菌、芽孢杆菌等来分解池中有机物，调节水质。

7. 虾池综合利用：包括混养、轮养、间养等。混养前面已有介绍，在此不多述。轮养是指一造中国对虾、一造斑节对虾，轮流饲养不同种类，达到防病的目的。间养主要是采取虾、鱼轮养，养一造虾，再养一造鱼，使虾池得到综合利用。

8. 加强日常管理：主要包括“三勤”。（1）勤巡塘：每天早、中、晚要巡塘数次，并仔细观察、记录虾体活动、摄食、体色等情况，发现虾、水异常，及时处理，有死虾及时捞出。（2）勤检查：投饵后半小时至1小时检查饵料台，观察摄食情况。抽样检查虾体全长、健康状况，检查池塘、拦网等情况，有损毁要及时修复。（3）勤除害：能捕食虾类的有凶猛鱼类、蟹类、白虾、鸟类等，一定要清除和防止。

9. 药物预防：定期用漂白粉、生石灰等预防，尤其在高温期。内服药可用抗菌素、中药制剂，如穿心莲、黄连素、板兰根、夏桑菊等，尽量不要使用硫酸铜、高锰酸钾、孔雀石绿等。

第四章　海水贝类养殖

第一节　主要养殖种类

一、养殖的主要种类

贝类的种类很多，共约 10.5 万多种。但目前世界临海的国家和地区，已进行增殖或养殖的种类还不多，因为作为增殖或养殖的对象，必须符合下述几个要求：

1. 具有较高的食用或工艺价值；
2. 繁殖力强、产量大，并易于捕捞；
3. 对环境条件变化的适应性强、生长快、成活率高；
4. 管理操作方便。

目前进行增殖或养殖的主要对象，是一些生活在潮间带或水深不超过 30 米，移动性小的营附着、固着、埋栖或穴居的经济价值较高的种类。

据不完全的统计，目前世界临海的国家和地区，已增殖和养殖的海产贝类约有 59 种，其中属腹足纲贝类 10 种、瓣鳃纲贝类 48 种、头足纲贝类 1 种。现列表如下：

腹足纲（Class Gastropoda）

1. 大鲍	Haliotis gigantea Gmelin
2. 施氏鲍	H. sieboldii Reeve
3. 盘鲍	H. discus Reeve
4. ＊皱纹盘鲍	H. discus hannai Ino
5. ＊杂色鲍	H. diversicolor Reeve
6. 红鲍	H. vufescens
7. 大马蹄螺	Trochus niloticus maxims（Koch）

8. 蝾螺　Turbo cornata Gmelin
9. 红螺　Rapana thomasiana Crosse
10. ＊蓝斑背肛海兔　Notarchus Bursatella leachii cirrosus (Griffin)

瓣鳃纲（Lamellibranchia）

12. ＊泥蚶　A. granosa Linne
13. ＊毛蚶　A. subcrenata Lisckhe
14. ＊魁蚶　A. inflata Reeve
15. 布劳氏蚶　A. broughtonii
16. ＊翡翠贻贝　Pema viridis Linnaeus
17. ＊紫贻贝　Mytilus edulis Linne
18. 加州贻贝　M. californianus Conrad
19. ＊厚壳贻贝　M. crassitesta Lisckhe
20. 普要凡斯贻贝　M. galloprovinidlalis Lamark
21. ＊水彩短肌蛤　Musculus senhousei (Benson)
22. ＊栉江珧　Atfina pectinata japonica (Reeve)
23. ＊马氏珠母贝　Pinctada marternsii (Dunker)
24. ＊珠母贝　P. margaritifera (Linne)
25. ＊大珠母贝　P. maxima (Jameson)
26. ＊解氏珠母贝　P. chemnitzii (Philippl)
27. ＊企鹅珍珠贝　Pteria penguin (Roding)
28. 虾夷扇贝　Pecten yessoensis Jay
29. ＊栉孔扇贝　Chlamys farreri (Jones&Presion)
30. ＊华贵栉孔扇贝　C. nobills (Reeve)
31. 大西洋深水扇贝　Placopecten magellanicus
32. ＊近江牡蛎　Ostrea rivularis Gould
33. ＊太平洋牡蛎　O. gigas Thunberg
34. ＊褶牡蛎　O. plioatula Gemlin
35. ＊大连湾牡蛎　O. talienwhanensis Croose
36. ＊真牡蛎　O. laperousi Schrenck
37. 密鳞牡蛎　O. denselamellosa Lischke
38. 食用牡蛎　O. edulis Linne

39. 美洲牡蛎	O. virginica (Gmelin)
40. 欧洲牡蛎	O. angulata Lamsrk
41. 希腊牡蛎	O. lurida Carpenter
42. 澳洲牡蛎	O. commercialis
43. 棘刺牡蛎	O. echinata Quoy et Gaimard
44. 黑缘牡蛎	O. Nigomarginata Sowerby
45. 鸟蛤	Cardium maticum Reeve
46. 射利帘蛤	Venus mercenaria (Linne)
47. * 青蛤	Cyclina sinerksis (Gmelin)
48. 杂色蛤仔	Rudiapees variegata (Sowerby)
49. * 菲律宾蛤仔	R. philippinarum (Adams et Reeve)
50. * 文蛤	Meretrix meretfix Linne
51. 丽文蛤	M. lusoria Rumphius
52. 斧文蛤	M. lamarckii Deshayes
53. 中国蛤蜊	Mactra chinensis Philippi
54. * 四角蛤蜊	M. qudrangularis Deshayea
55. * 西施舌	M. Antiquata Deshayes
56. 姥蛤	M. sachalinensis Schrench
57. * 中国绿螂	Glaucomya chinensis (Gray)
58. * 缢蛏	Sinonovacula constricta (Lamarch)
59. * 红肉兰蛤	Aloidis sp.

头足纲 (Cephalopoda)

60. 长蛸	Octopus vulgaris Lamarck

注：* 为我国已开展增、养殖的种类。

我国已开展增殖或养殖的贝类共计 30 种，其中腹足类贝类 3 种，瓣鳃纲贝类 27 种。生产规模比较大的，主要是近江牡蛎、太平洋牡蛎、褶牡蛎、紫贻贝、翡翠贻贝、杂色蛤仔、缢蛏、泥蚶、皱纹盘鲍、杂色鲍等。

第二节 贝类的人工育苗

我国已对紫贻贝、翡翠贻贝、厚壳贻贝、马氏珠母贝、栉孔扇贝、华贵栉扇贝、牡蛎、蛏、泥蚶、青蛤、蛤子、杂色蛤、白蝶贝、文蛤、皱纹盘鲍、杂色鲍等，进行了培养研究工作，并取得了不同程度的成功，有的已应用于生产上。

一、人工育苗的设备条件

1. 设备

(1) 水泵 水泵要根据需水量的大小选定。目前使用的有铸铁泵（有铁锈）、氯乙烯制泵（有低毒）、不锈钢制泵、玻璃钢制泵、陶瓷泵、钛制泵等等。

(2) 管道 在管道材质选用方面，我国目前在陆地和室内多用聚氯乙烯（有低毒）、聚乙烯和陶瓷管；海上引水管多选用耐风浪的钢丝软笼管、不锈钢管和铸铁管。凡使用生锈和有毒的管道，在用水之前，将水头放掉。

(3) 动力 水泵动力用电动机和柴油机。

2. 饵料培养池

饵料培养池设置的位置一定要高于幼虫培育池。建造饵料池时，要求有适宜的光照和调光设备，因此饵料室都有天窗。不同种类应分室培养以避免混种。

目前修建的单细胞藻类饵料池，其规格大多是池深 40～50 厘米、池宽 1 米、池长 2 米，池底和池壁铺设白瓷砖，池壁设有排饵孔，外接塑料管道并设筏门控制，利用水位差通往各幼虫培育池，投饵时打开筏门按需要量进行投饵。

3. 亲贝暂养池

亲贝暂养池形状不拘，圆、长方等形皆可，但不要过深，使水面溶氧量越大越好；为了进、排水方便可多设几个进、排水孔。

4. 催产池（槽）

由于贝类人工催产方法不同，因此催产池的结构也不一。辽宁金县水产养殖场专门设计了流水刺激催产池，池的前端有 45°

的注水斜坡；当两个直径6厘米的水管注水时，水顺斜坡急流而下冲入池内；池壁高50厘米，内设分水壁和挡水壁，使注入的水分开并产生旋流；池后端有排水若干个，用以调节排水和流速，效果很好。广东水产研究所（现南海水产研究所）使用水族箱晒水升温做催产槽，诱导华贵栉孔扇贝排精、产卵，效果也很好。

5. 产卵池（槽）与孵化池

（1）产卵池（槽）　经催产、诱导之后的亲贝最好在产卵之前移人产卵池中产卵（也可以在催产池中直接产卵）；产卵池的大小要根据生产上的需卵量来设计，但深度以50～60厘米较便于操作；卵子受精后需要洗卵，利用卵的沉性在池壁的中上层设两个排水孔，用以排出上层多余的精子；池底处留一清池孔，以便清除池底污物。此外大水族箱和木槽等也可以代替产卵池使用。

（2）孵化池　受精卵经洗卵后，移入孵化池。一般多按照生产量来建造其大小，池型形状不拘，但在池壁上也设有选育用排水孔，以便于进行选育幼虫的工作。由于该池和产卵池相似，因此可以互换使用。

6. 幼虫培育池　幼虫培育池有全卧式、半卧式和全露式三种。幼虫培育池的形状有圆形、长方形、椭圆形等等，其中圆形池成环道式效果较好。池分大、中、小三型，小型盛水2～4立方米（多用做试验池），中型池盛水6～8立方米，大型池盛水在10立方米以上。池的深度一般都在0.8～1.5米之间，以1～1.2米左右的较多。各类型的培育池有的在池底设有为换水用的砂滤槽，用以代替筛绢（见后述）。

池子注水方式有池底注水和顶部注水，其进水孔做成鸭嘴形；如是圆池，池中心设水泥台，使池内成环道形。注水速度由筏门控制，进水孔顺着一个方向，因此注水时，可将池水推动成环道式的旋转流动，使幼虫分布均匀。同时可以在中心台和周围池壁的顶部设带有筛绢的溢水窗，待幼虫附着后便于采用上溢水。故这种底部注水、上部溢水的方式是适合附着性贝类后期育苗的。

7. 附属设备　包括换水笼、控温设备、增氧设备等。

新建的水泥池，在使用前都需要用水浸泡（先用淡水、后用海水）1～2 个月，浸泡期间要经常换水，以便去掉碱性水及其他有毒物质。旧池在每次使用前需要用漂白粉或高锰酸钾等药物消毒，最后用过滤海水冲洗干净待用。

二、育苗

贝类人工育苗工作中，一般都经过亲贝的捕捞与选择、促熟、催产（诱产）、授精、洗卵、早期孵化、早期幼虫选育、幼虫培育、投放采苗基、稚贝出池和日常水质监测等。

（一）促进和延迟性腺成熟的方法

1. 促进性腺成熟的方法

升温　在水温较低的季节，将已达到繁殖期的亲贝从自然生长的海区移到室内，先在稍高的水温下给以饲养（投饵、增氧、换水或循环水），并逐步提高温度，使其上升到自然性成熟所要求的适温，便会很快达到提前成熟的目的。例如牡蛎的性腺发育在 15 ℃条件下，需 60 天才能达到性成熟；如将水温提高到 20 ℃时，15 天就可以产卵；如果再提高到 25 ℃，则 9 天就可产卵。

营养　促使亲贝性腺提前成熟，除了注意调整水温外，还应注意饵料的正常供给，加强亲贝的营养，才能促进性腺成熟。凡经过喂养的亲见催产效果好，而不喂饵的亲贝体质弱、死亡多、催产反应迟钝，甚至多数不起反应和产卵不多。这也说明了在促进性腺成熟中，饵料（营养）因子的重要性。

2. 延迟性腺成熟的方法

使贝类的生殖期拖后，其目的是使得卵的成熟周期延长，以便在自然生殖期已过的一段时间中，仍可以进行人工育苗。当贝类进入自然生殖期时，在精、卵排放之前，就选择一批发育较好的亲贝，放至低温（产卵的下限温度）海水中饲养，控制性腺发育，使其不能排放；待自然生殖期过后，再将水温恢复到产卵温度促其排放。这样就可以再次得到精、卵。也有人采用把排完精卵的亲贝，移养至低温的海水中，来推迟整个性腺周期发育时间，达到晚成熟的目的。

生殖腺成熟的提前与拖后是相对的，如对产卵后的亲贝，给以优良的生活条件，满足其迅速累积性腺所需要的物质条件，可达到一年多次成熟的目的。

（二）人工（诱导）催产

有的贝类在在繁殖季节，用解剖的方法取得精、卵，可以直接受精。如蛤蜊、凹线蛤蜊、牡蛎（卵生型）等，它们都是易受精型。有的贝类需要诱导排放精、卵或激活解剖获得的精、卵才能受精。如扇贝、贻贝、文蛤、蛤仔、鲍等。

1. 物理方法

包括对亲贝进行温度（升温与变温）刺激、流水刺激、阴干刺激以及超声波、电刺激等等。

（1）温度刺激法

①升温法：升温法是将水温从正常温度突然升高几度（一般是2～5 ℃），往往可以导致亲贝的生殖活动。目前我国对贻贝、华贵栉孔扇贝等一些贝类均采用此法。具体做法是将催产槽中的过滤海水事先加热升温或日晒升温到预定的催产温度（日本为了获得大量的受精卵，设计了利用太阳热诱导产卵的装置），然后再将亲贝移至催产槽中诱其产卵。

②升降变温刺激法：有些贝类单独使用升温法也难以引起产卵，必须经过低温与高温几次反复刺激才能诱发产卵。例如杂色鲍在催产时，将生活水温在半小时内升高3 ℃，保持半小时，然后换常（原）温水，接着再降温3 ℃，也保持半小时，最后换成常温水即可产卵。这种以原水温变化±3 ℃的方法，最好在傍晚进行，结合鲍有夜间活动的习性，效果会更好些。

（2）阴干刺激法　阴干刺激法是将成熟的亲贝直接从水中取出，放在室内干燥处，阴干的时间随种类而有不同：紫贻贝需1～2小时，再放回水中就能引起产卵；而文蛤则需8小时以上。但此法对一些贝类效果不甚显著，故大多在阴干后，再放入升温水中，才能达到产卵的目的。

（3）流水刺激法　流水刺激法是我国近年来使用较多的催产方法。该法是将成熟的亲贝放进催产池中，用流水刺激诱其产卵。在使用中为提高成功率，也需要其他条件（阴干、升温、变温）来配合。例如在栉孔扇贝的催产中：先阴干刺激2～3小时，其后流水刺激1小时，最后再提温2～4 ℃，在几分钟内就能排精产卵。其他贝类也可用调整流水的温度，使流水水温时高、时低来诱其产卵。

（4）其他方法

①紫外线照射：经过照射的海水能够诱导鲍、扇贝排卵、排精。从开始照射到出现诱导效果，需要2～3小时。用这一方法取得的卵发育正常，又不会使未熟卵早产，是较理想的诱导方法。

②超声波刺激：利用超声波对紫贻贝催产。将亲贝放入水中后通入超声波，使水呈微细的气泡，看去水变成乳白色，十分钟后取出超声波，紫贻贝很快产卵。对皱纹盘鲍催产也有效。

③电刺激：20伏交流电刺激紫贻贝5秒钟，经1小时潜伏期开始排精、排卵。另外直接切下紫贻贝外套膜上的性腺一小片，置于培养皿中，加一些海水，用40伏电刺激15秒钟后，移入新鲜海水约30分钟，就会流出可受精的卵子。

④针刺激：用针尖轻轻戳刺或割断紫贻贝的后闭壳肌，对促进大量排放精、卵很有效，因为控制排放精卵的神经机制就在此。

2. 化学方法

利用化学方法刺激贝类排放性产物，也有一定的效果，目前我国在马氏珠母贝、青蛤、泥蚶等的育苗中皆有使用。

（1）氨刺激法

①亲贝浸泡法：NH_4OH 在水中分解后放出 NH_4^+，它可以穿过亲贝的细胞膜，促进生殖细胞成熟并使它脱离生殖腺排出体外。

②浸泡切碎生殖腺法：此法是弥补直接剥取生殖不能受精的一种方法。它是将切下的卵筛洗后用低浓度的氨海水浸泡，促使卵子胚泡破裂消失完成受精准备，达到可以受精的目的。

③氨海水注射法：直接采用注射法也有效，将0.2～0.5毫升2‰的 NH_4OH 注射到泥蚶、青蛤的足部或生殖腺中，都能引起排精、排卵。

（2）其他药物刺激法：用氯化钾、氯化铵和氯化钡等，浸泡切下的紫贻贝性腺组织，可以引起排卵。这些盐类用氢氧化钠碱化，可以大大促进排卵；如果用盐酸酸化，则排卵受到抑制。

在贝类催产中，起作用的化学药物还有：氯化钙、碘化钾、硫酸钾、氢氧化钾、氯仿、乙醚和氨基酸等。

3．异性产物刺激

向成熟雌鲍的水池中，倒入加有成熟精子的海水，能诱导产卵成功，这种精卵相互诱导法是常用的刺激方法之一。一般使用同种的精子才有效，但也有例外的，例如长牡蛎的精子可以诱导美国牡蛎产卵，还能杂交，受精卵也能正常发育。

用激素对牡蛎做过试验，其中羊的甲状腺能引起牡蛎大量排放精子。雌酮、胸腺等其他一些激素也能激起雄性排精。

4．物理、化学相结合刺激方法

有些贝类单独使用提高 pH 值等化学刺激方法并不产卵，还必须在提高 pH 值的同时，再给以升温的条件才能达到排精、产卵的目的。使用提高 pH 值与提高水温相结合的方法，往往也比使用其中单一的方法好得多。

5．池中暂养自然排放法

某些贝类在性成熟时，经池中暂养一个阶段之后，发现有自然排放精卵的现象。这样排放的卵受精率高，成活率也高，因此也被利用作为获得受精卵的方法之一。在生殖季节将皱纹盘鲍放在池内暂养，可获得自然产的卵子，产卵量大，卵子质量好。

理想的诱导催产方法是获卵量高、能按人的意志安排其产卵日期和时间，做到有计划的育苗生产。实践证明采用几种措施相结合的催产方法，还是比较有效的。

（三）卵子的授精与受精卵的处理

1．卵子的授精

正常的卵子一般呈球形，卵粒大小均匀，卵膜光滑，卵黄粒多细胞质浓厚；凡形状不规则，卵膜皱褶、破裂或其他形状者，皆属不正常卵子。正常精子活跃，一般分头、颈、尾三部分，头部多呈圆锥形、楔形、子弹形等等；颈部狭而短；尾部细而长呈丝状。

精卵结合形成一个新个体为受精，由人工方法促使精卵结合为“授”精。

在海洋贝类中有一些种类是将生殖细胞直接排在水中，并在水中受精。目前人工育苗的贝类中大都属此类型。因此卵子的授精要依据获卵的方法来进行。精、卵的寿命与时间、温度成反比，因此要在短时间内进行人工授精。由于卵子为单精受精，所以精子量要少，一般卵周围有 1 ~ 3 个便可，但一定要镜检才能判断是否达到卵子受精时所要求的精子数量。

2. 受精卵的处理

（1）筛洗受精卵　如卵周围精子数量极少可不洗卵，否则必须洗卵。实践证明精子过多时，残余的精子很快在水中死亡，引起水质败坏，致使受精卵不能正常发育。高浓度的精子中，含有能溶解卵膜的两种球蛋白元，使卵子在分裂时形成许多分离的小分裂球，产生畸形的胚胎。因此在精子过多时必须洗去多余的精子，才能保证孵化水质的洁净。

（2）受精卵的计算方法　受精卵的计算一般都是以出现第一极体为标准，并在洗卵后计算卵量数字。将池水轻缓搅拌，使卵子分布均匀，然后用吸管选不同点吸取 0.5 毫升置于计数框中，在显微镜下逐个计数。这样连续从池中取样几次，取其平均值，最后求出总卵量。在计数的同时应将受精卵与未受精卵统计出来，以便了解受精率。

（四）孵化与选育

1. 孵化

从受精卵开始，经若干细胞期、桑椹期、囊胚期、原肠期、担轮期，进入直线铰合幼虫期，称为“孵化”。这一阶段时间较短，一般在 24 小时到 48 小时内完成（在适宜范围内，发育快慢与水温成正比）。

含有受精卵的池水开始不必加满，但投入卵量仍按全池池水计算，在孵化过程中不断增添新鲜海水，待胚体发育至进入直线铰合幼虫期前 4 ~ 5 小时将池水加满。胚体在孵化阶段不需投饵，因为消化器官尚未形成，营养物质也未用尽。

2. 选育

胚体在孵化过程中，一般在 6 ~ 12 小时后相继破膜浮起，进入担轮幼虫期，利用这一点将上浮的幼虫选育出来另行培育。弃去死卵和发育慢的胚体，是保证幼虫以后正常发育的一个关键步骤。选育的方法简单，只需要轻轻地将中、上层幼虫引入培育池即可。如果选后孵化池中仍有健壮个体，可再加满池水，停一段时间再进行重复选育，直至达到目的为止。

（五）幼虫培育

1. 幼虫的培育密度

选育后的幼虫送入培育池中培育。幼虫的培育密度，随种类和温度等条件的变化而有不同，幼虫密度的大小，直接关系到它们的正常发育、生长和死亡，同时在极限高密度下又是有效地利用水体提高单位水体出苗量的关键。幼虫的生长速度与密度成反比。不能单纯地使用增加饵料倍数的办法来解决生长速度慢等的问题，幼虫反会因饵料过多而死亡。

2. 幼虫的饵料

当直线铰合幼虫投入培育池之后，消化器官已经形成，需从外界摄取食物以增长身体。因此饵料是幼虫生长、变态的物质基础。人工培育的幼虫密度要比自然海水高出许多倍，所以必须不断地大量供应人工培养的饵料，才能保证幼虫正常的生活。近二三十年来随着饵料培养技术的提高，已有较完善的培养方法。做为贝类幼虫的饵料大多为海产单胞藻类，种类很多。其他还有一些酵母和可溶性的有机质等。

（1）饵料的主要种类　有绿藻类的扁藻、衣藻、盐藻等，金藻类的叉鞭金藻、单鞭金藻、等鞭金藻等，硅藻类的三角褐指藻、骨条藻等。

（2）投喂效果　以上诸种藻类对不同贝类的幼虫而言，食用效果不一。将等鞭金藻、单鞭金藻、盐藻、扁藻混合投喂时，效果要比任何单一投喂的都好，生长迅速。底栖性的硅藻，只应用在腹足类匍匐幼虫以后的舔食阶段。

（3）饵料的大小　贝类幼虫对饵料除了有生物性选择外，还有对饵料大小的选择，这是由于贝类的浮游幼虫个体小、消化道更细小。取食率与饵料宽、长成反比，也就是说饵料的个体愈小，被幼虫摄食得越早，其顺序是衣藻（7.6×5.2 微米）→盐藻

(8.9×5.2 微米)→三角褐指藻(18×4.1 微米)→扁藻(17×11.5 微米)。

(4)饵料的投喂密度 水中含有适量的饵料密度，是幼虫快速生长与提高成活率的一个重要因素。在投饵中应该注意藻体大小与饵料密度的关系。藻体大密度就要小一些，藻体小密度可以大一些，使用其他种藻类也是如此。

(5)饵料中的毒性物质 有些单胞藻对双壳类具有毒性。小球藻、盐藻、单鞭金藻(本种仅在密度高时产生)等，对牡蛎幼虫在某种程度上也具有毒性。如果用培养单胞藻的滤出液进行培养幼虫其毒性比藻体本身更甚。许多单胞藻能排泄大量的碳水化合物，这种排泄物在藻类生长停滞期浓度最高。所以饵料的新鲜程度直接影响育苗的效果，陈旧饵料导致幼虫中毒。

培养液中的细菌是幼虫中毒致死的另一个原因，藻类培养液中有大量细菌繁生，使水质受到了污染。NH_3—N 在饵料培养过程中，由于施肥、代谢等原因，在培养液中逐渐被积累和相应引起的 pH 值升高，都是毒死幼虫的主要因子。

3. 幼虫培育过程中应注意的几个因子

(1)溶解氧 对维持一切生物的各项生活过程来说氧总是不可缺少的，但只有当氧以自由状态在溶液中出现时，它才能供几乎所有生物的正常代谢作用之需。在人工育苗中需要经常换水、充气、搅动水体来增加水中的氧气。

(2)毒性物质 幼虫生活的海水必须具备不含毒素的条件。但有些海区的天然海水中，含有随工厂污水排出的大量化学物质，它会破坏正常海水的化学平衡，杀害幼虫或引起畸形胚胎。因此在选择海区时，必须对海水进行了解或作必要的分析测定。

在育苗室或实验室中，应当注意避免使用有毒的设备和器具。使用器具应避免与升汞、苦昧酸、铬酸盐、福尔马林等有毒物质接触。容易产生铁锈的铁器以及有毒的塑料制品，也常是育苗工作中所避免使用的。

除了以上外界化学因子造成的影响外，尚有生物本身的毒性代谢物。氨是水生无脊椎动物(包括贝类)的主要排泄物。氨对水生动物非常有害，pH 值和溶解氧的含量是影响氨毒性的两个重要因素。因为 NH_3—NH_4^+ 的比例是由 pH 值决定的，只有未电离形式的氨（NH_3）对幼虫才有毒害，pH 值越高，未电离的氨（NH_3）量越多。老化的饵料液 pH 值都很高。如果使溶解氧保持平衡状态，氨对动物的毒性就会降低。

（3）细菌与原生动物　在培育幼虫的水体中，当某些条件不利时，幼虫可能会产生疾病，尤其在培育水没有适当地过滤和灭菌时，一些原生动物和致病菌可能激增，最后引起幼虫全部死亡。

目前国内外控制细菌的方法，一是采用紫外线消毒过滤海水，二是采用药物。育苗中使用的过滤海水，用紫外线消毒效果很好。但是紫外线对幼虫同样有杀伤力，因此不能直接照射幼虫，如果幼虫体内有病菌，使用这个方法就不能奏效，还必须配合药物治疗。

也可使用抗生素抑制细菌生长，以提高幼虫的成活率与附着率。此外 PVP—Ⅰ（聚乙稀吡咯烷酮碘）浓度达 50 毫克/升时，能够保护稚贝免遭一些病源菌的侵袭。

对原生动物的防除方法，也有两种，一种是药物法；另一种是滤出法。在药物法中，使用浓度为 10 毫克/升的二氯苯酚、1 毫克/升的五氯苯酚与 40 毫克/升的福尔马林，能抑制浸入培育稚贝水域内的某些苔藓动物、纤毛虫以及海鞘动物；使用含有 40% 的焦磷酸四乙脂 0.1 毫克/升能杀死饵料中的甲壳类，并在 24～48 小时内水解，对藻类没有持久的影响。

滤出法：即以不漏幼虫为标准，选择合适网目的筛绢，用浓缩幼虫法，将比幼虫小的原生动物，从网眼中滤出；对比幼虫大的一些挠足类则可以用比较大的网目使幼虫通过，将挠足类筛出，幼虫倒人新池。

（4）pH 值　在水质中 pH 值的高低，对幼虫培养影响很大。在人工育苗中，使海水 pH 值偏高的原因，一般是由于新建水泥池浸泡时间不够，使用新池往往在胚体初期就发生死亡。所以新建育苗池必须浸泡 20～30 天，并在浸泡期间经常更换池水，以洗去碱水。

（5）盐度在贝类的人工育苗中，有时与雨季相遇，大量的淡水注入沿海，随着盐度急骤下降，影响了池中幼虫与稚贝的正常生活，因此了解幼虫对盐度的适应范围，是一项重要的工作。

（6）光照　光对不同发育阶段的幼虫反应不同。常温下担轮期幼虫对定向光是无反应的，当发育到早期面盘幼虫，用水平定向光照射幼虫有负反应。在直线铰合期以后（面盘幼虫中期），置于水平定向光照下，幼虫显示正趋光性。壳顶期幼虫对光刺激没有反应，在水平定向光下，不论何种光强度幼虫分布始终均匀；对垂直定向光同样没有反应。眼点幼虫在水平定向光实验中，是随眼点的生出，产生正趋光性。

后期眼点幼虫对光的反应是负趋光性，它们在黑暗中有正趋地性并集中于水筒的底部，不论光的方向如何它们都一直在原处逗留。因此该期幼虫无论游动或匍匐，显然都是负趋光反应。

（7）温度　在人工育苗中，温度对幼虫的影响也是一项重要的因子，尤其要使育苗工厂化，则必须控制温度，使幼虫在最适宜温度中生长。不同种类的受精卵与幼虫个体发育，各有自已的适应范围；在适应范围内水温越高生长越快，这是因为水温高时，幼虫摄食活泼，对所摄取饵料的异化速度加快。在适应范围以上时，出现畸形发育或很快死亡；在适应范围以下时，出现停止进一步发育的现象。在适温范围以内，有适应上限和下限之分，在此范围内即使相差几度，发育速度也有显著的差异。而且在发育初期对温度的适应范围较窄，随着发育过程的进行，适应范围愈来愈广。

（六）幼虫的变态与采苗基的投放

在双壳类和腹足类的幼虫生活中，都有一个结束浮游生活的阶段，然后再沿着个体不同的特征、不同的生活方式发育下去。例如有的进入底栖穴居生活又称埋栖生活（蛏、泥蚶、蛤子），也有的进入足丝行附着生活（扇贝、贻贝、珠母贝），还有终生不再移动行固着生活（牡蛎），以及在水底行匍匐生活（鲍、螺）。根据它们的这些习性，在停止浮游生活后，如果给以满足变态的条件，就能达全人工采苗的目的。

对附着生活的贝类投放的采苗基，多选用无毒的旧网片、棕绳帘、聚乙稀薄板和瓦片；固着生活的多选用牡蛎壳、涂有水泥砂的木轮板和涂有水泥砂的聚乙稀的旧网片；底栖穴居生活的多选用均匀细砂粒和软泥等等。

选用的采苗基要严格地进行处理，例如红棕绳（直径1厘米左右）要经过浸泡、锤打、蒸煮后用过滤水再浸泡；旧网衣、贝壳、瓦片要经浸泡和刷洗，水泥砂木轮板要经浸泡；泥、砂要经20日筛选，然后再加温消毒。

投放附着基（采苗基）的时间，不能过早和过晚。过早时由于幼虫尚处于浮游阶段；过晚投放采苗基，幼虫缺乏合适的穴居、附着或固着的基本条件，起初幼虫变态尚延迟等待，一旦寻找不到生存所需的条件，幼虫即会死去。所以适时的投放采苗基也很关键。

（七）幼虫变态（向稚贝过渡）期间的培育工作

幼虫进入附着、固着、埋栖、匍匐生活后，开始向成体变态，在形态上面盘萎缩脱落，原来由面盘拨动水流取食，逐渐改为由初形成的鳃来滤食（双壳类），或者由吻来舔食（鲍），这些形态与机能的改变，都是进入变态后新的生活方式，双壳类的身体由典型的蛤仔形向成体过渡。但此时它们的所有器官并不完善，它们的滤食器官和呼吸器官比成体少得多，水管尚未形成、壳也尚未钙化、鲍的壳口还不大，足丝附着还不牢固；以上都说明了初附着变态的幼体生命力非常脆弱，死亡率、掉苗率都很高，尚需要再精心培育，加大换水量，保持水质新鲜，增加饵料量，满足幼体的取食，以及形成稚贝后，加强稚贝出池前的锻炼工作，如调整光线，用水流刺激附着的稚贝，使它们附着的更牢固；用排净池水干露泥、砂的方法，使底栖穴居贝类更适应海滩上的潮汐生活。经过一段饲养，稚贝长到一定大小之后，池中的培育条件已满足不了更高的需求，如若再继续培育下去，不但影响了稚贝的生长速度，而且死亡率也日渐增高，此时就必须下海了。

三、稚贝的中间饲养

出池的稚贝，由于个体小、体质弱、抵遇能力差，还不能直接移到养成场去养成，需要在一个安全的良好环境中或在加以保护的条件下，使其先适应海中生活，然后就能迅速地增长身体向幼贝过渡。这一阶段的工作称为中间饲养。

1. 附着类型的中间饲养

属这一类型的扇贝、珠母贝、贻贝等，它们的共同生活特性是：在环境不适或受到某些刺激时，都能弃去附着用的足丝，产生移动、逃逸和脱落。因此饲养的方法，就必须根据它们的特性，采取相应的措施。

对经济价值较高的扇贝和珠母贝，可以采用网笼保护。设计的网笼要根据稚贝转移附着基时的大小，来考虑网目的大小。网目的大小除了关系到稚贝的逃逸外，还对水流有影响，它影响稚贝的摄食和生长，所以在不跑苗的情况下，网目要大一些还是有好处的。

日常管理工作是在挂笼10～15天检查网目堵塞情况和苗帘上稚贝被浮泥覆盖情况，苗帘惊动会引起稚贝的脱落，所以网目不被堵塞最好不惊动，摆动苗帘上的浮泥更需精心，待稚贝生长超过网目后，再去刷洗或更换网目，但当稚贝超过0.5厘米且密度过大时，可以分笼饲养，并在此时加设硬质附着基，让其附着其上生活。日常不要经常去惊动它们，以免影响生长。

附着类型稚贝出池时，要注意天气的变化，选择在1～2天内无大风的日子下海，最好在早晨出海，因为早晨没有太阳曝晒，而且温差变化也较小。

2. 埋栖类型的中间饲养

属这一类型的有泥蚶、蛏、蛤仔、文蛤等，由于出池时个体较小（1～3毫米），因此不能直接投入养成场，需要中间饲养。按贝类习性选好地点后，还要注意每潮干露的时间和干出后滩温的变化。然后进行翻滩，筛去碎石、螺、壳、杂藻，去掉沉积污泥，调整泥、砂含量，最后耙平（砂底）或压平（泥底）。再将稚贝于早、晚退潮时移殖滩上。如果利用旧苗塘，也需要重新翻滩，消毒，再用水冲洗几遍，过10天后，在清晨将水排干，把出池的稚贝均匀地撒在滩上，待其钻入滩涂后，再把水徐徐引入塘内，水深约50厘米。饲养期间要加强管理，经常换水，喷洒底栖硅藻，定期洗苗转塘。

3. 固着与匍匐类型的中间饲养

固着生活的牡蛎在附苗后，在池内养一段时间，可直接将稚贝连同固着基一起移到海上吊养，无需专门保护，待长到一定大小后及时疏养。使用水泥砂网片采苗的，在海中成苗后要剥下，装入金属网笼中养成。

匍匐生活的鲍，目前饲养的方法有海区吊养和在池中继续饲养两种。水池饲养需加强换水，同时要解决稚鲍的饵料，目前多用江蓠和人工饵料。在出海吊养方面，在池内养3个月后，长至5~8毫米时再吊养在海区浮筏上，经5个月的中间饲养长到2~3厘米后，再向海底投放养殖。

第三节　贝类养殖

贝类养殖法是对贝类的繁殖、生长进行人工的干预，提高单位面积产量和产品质量的方法，其内容包括场地选择、采苗、养成、肥育和收获加工等方面，在养殖珍珠时还增加了植核和育珠阶段。

一、场地的选择

生产场地应该具备生产安全、方便，有一定的面积以便开展多种经营和发展生产，交通较方便，生活问题比较容易解决的地方。但在实际上要找到一个十全十美的场地是不容易的，要权衡利弊，进行选择。

选择场地时必须对海区的理化、生物因子进行全面系统的调查研究。例如海区的波浪、潮汐、水流、水深、底质、盐度、温度、水质、饵料生物、敌害生物和贝类资源等项目。除了进行现场的调查之外，还必须深入到群众中去，向当地的渔民群众了解海区环境变化的历史和资源的变动情况，以便进行分析得出初步结论。在进行海况调查时，除常规调查之外，还要结合养殖对象的生物学特性，对某些项目进行深入的调查研究。在特殊天气出现时，如能进行现场观测更为理想。

根据调查的结果，对照拟进行养殖的贝类的生物学特性，就可以初步判断该海区生产的安全程度，或根据调查结果再确定养殖的种类。

二、采苗

贝类养殖生产中，有的种类可通过人工繁殖解决种苗，有的要通过捕捞野生苗种解决贝苗来源。

1. 采集野生苗种

许多贝类都是体外受精的，卵子在海水中受精，一发育经过担轮幼虫和面盘幼虫的浮游生活阶段，然后变态沉入海底转入底栖生活。从刚进入底栖生活直到数个月后的小贝，俗称贝苗。采苗就是在面盘幼虫变态成为稚贝这个阶段，给它们提供较好的生活条件，提高贝苗的成活率，以期获得更多的贝苗满足生产上的需要。

贝苗的分布与亲体有着一定的依存关系，其数量的多寡取决于亲体的数量。敌害和自然灾害的情况，风和海流对贝苗的分布、集散也有积极的影响。由于贝类的繁殖受到各种自然条件的支配，因此，各年度中贝苗出现的时间和数量也不够稳定，但从总的来看都有一定的规律性。

有些海区的环境条件，有利于贝类的浮游幼虫的发育、生长和集中，一旦贝苗发生的数量很多后，这些海区就成为采苗的场地。一般来说，采苗场多数在环境条件比较稳定的、有大量亲贝分布的海区。由于贝类生活习性各有不同，因而采苗场的环镜条件也不一致。例如，就底质而言，泥蚶的采苗场地是软泥底质，而珍珠贝的采苗场地为砂或岩礁底质。

掌握采苗的时机，是采苗成败的关键，采苗器投放的时间迟或早几天，采苗效果能相差几倍至几十倍。为了比较准确地掌握采苗的时机，在繁殖盛期到来之前，就必须对海区的温度、盐度、亲贝生殖发育情况以及浮游幼虫数量的变动进行系统的观测，做好采苗的预报工作。然后根据采苗预报所预定的日期进行采苗。

采苗方法根据贝类生活习性的不同而分为两大类型。

泥蚶、杂色蛤仔、缢蛏等埋栖或穴居种类。它们的采苗方法比较简单，一般是采用改良地质的方法，不必提供人工基质——采苗器。采苗时在潮间带的中、下区进行翻耕，清除敌害生物和其他杂物，或在这个基础上进行筑堤、造畦，使刚进入底栖生活的稚贝比较容易地钻入泥土中，这样就可以大大地减少敌害和自然灾害的威胁，提高贝苗的成活率，经过一段时间的护理之后，再用筛选法或浮选法将贝苗收集起来进行养殖。

牡蛎、贻贝、珍珠贝等营固着或附着生活的种类，采苗时都需要提供人工基质，设置采苗器，使稚贝有附着的地方。这样就可以避免大批的幼苗由于找不到合适的附着对象而沉降到海底被泥沙埋没。采苗器的种类很多，如竹、木、石、瓦、贝壳、水泥制品、树木枝叶、稻草、金属网、化纤网、厚纸板等，方式多种多样，但可归纳为海底撒布、插竹（椿）、栅式、简易垂下式或筏式几种。至于采用哪一种形式有利，则视其苗的分布水层、采苗场地的底质和养成的方法方式而定。

营附着生活的种类，它们的幼苗在采苗器上附着后，常因环境条件的改变而从采苗器上脱落，应及时将幼苗从采苗器上采出，放入网笼中培育。

少数埋栖贝类如毛蚶等，它们的幼苗在刚进入底栖生活时是用足丝附着在海藻上，经过一段时间之后，从海藻上脱落，转入埋栖生活。对这类贝类在采苗时也需要提供人工基质。

2．人工繁殖贝苗

人工繁殖贝苗包括亲贝的蓄养和选择、人工授精、胚胎饲养、采苗以及饵料培养等内容。从幼苗进入底栖生活开始，至移苗养成之前为育苗期，由于幼苗对环境变化和敌害生物侵袭的抵抗力较弱，必须加强护理，消灭敌害，为幼贝创造良好的生活条件和提高成活率。

三、养成

贝类的养成是指自种苗开始至养成大贝的过程，其所需时间视种类的不同而定。经过养成阶段，贝体的大小达到商品规格。这个阶段的主要任务是采取各种措施，促进幼贝的生长，提高养成率。

贝类的养成场，大部分在潮间带的下区低潮线附近。贝类养成的方法可分为下列几个类型：

1．水底分散养成

将幼贝分撒到潮间带或低潮线以下，这是人工管理进行养成最常见的方法。例如泥蚶、缢蛏、杂色蛤、文蛤或牡蛎等，均属这类型。在“播种”前，先清理场地，如松土、清除敌害、造畦、挖防护沟等。然后将幼苗均匀撒布在已整理好的场地上。牡蛎的幼贝在分散时，都连带小型附着器，在低潮线下或底质较硬的潮间带，场地一般不加整理。但底质较软的场地，一般都进行造畦，并将附着器排列成行。在养成期间再分为若干阶段进行分散疏养。这种养成方法对海区的利用率较低，单位面积的产量也少，但成本低。

2. 插竹、立桩养成

牡蛎、贻贝等固着或附着生活的贝类，均可采用此法，如台湾、福建的插竹养牡蛎，广东的水泥棒养牡蛎均属这个类型。对固着生活的种类，移苗后使幼贝重新附着在木桩、水泥桩、石柱或木栅上养成大贝。此种方法不过利用海区 1 米左右的垂直范围，但单位面积的产量已提高数倍。

3. 垂下式养成

它是目前浅海立体利用的典型方法，多用于附着和固着生活的种类的养成，其方法是在风浪比较平静的海区用浮筒、竹、木等器材组成浮筏，将幼贝悬挂在筏下，或在低潮线下用树木、水泥柱等器材搭成棚架悬挂贝类，利用水层达 4 米左右。此法优点较多，如不受底质限制，敌害较难侵犯，单位面积产量高，但投资较大，怕台风。

4. 水池养成

应用水池养成贝类在我国较为少见，浙江沿海个别地区，在潮间带建池养泥蚶，当地称为蚰塘。福建南部沿海也有利用鱼塭养海兔的。现在新发展起来的是用水泥池工厂化养鲍。

5. 网笼养成

主要用于养成某些善于逃逸的种类或珍贵品种，目前仅用于珍珠贝和扇贝等的养成。网笼有金属网笼、化纤网笼等。形式多种多样，将贝装入网笼中悬挂在浮筏或棚架下。

养成期间的管理工作，主要是及时调节放养密度，防除敌害生物，防止人为的破坏，以促进贝类的生长，提高养成率。

四、育肥

经过整个养成的过程，一般个体的大小已达商品规格可以进行收获。但为了获得较高的单位面积产量，提高商品的质量和产值，在收获之前，在可能的条件下，要进行一段时间的肥育。

贝类在繁殖期结束之后，至第二次繁殖开始之前，是营养物质的积累，软体部重量增加的过程，从繁殖活动开始之后，软体部重量逐渐减轻，至繁殖期行将结束时，营养物质贮存量和软体部重量下降至最低值，以后又开始肥满至下一次繁殖开始之前达到最高峰。肥育就是在贝类软体增重的过程中，提供较好的生活条件，促进软体部增长的过程。

肥育的方法一般是将贝类从养成场移至饵料丰富的肥育场，促进软体部的迅速增长。例如牡蛎经过养成期之后，从秋天开始就从养成场移至河口附近的海区，由于河水带来了大量的肥料和有机物，水质肥沃，浮游生物的数量超过养成场的几倍甚至几十倍，饵料十分丰富。移入肥育场后只需 1 ~ 2 个月，就可以达到肥满的高峰。或者将在潮间带中区养成的贝类，移至低潮线附近，延长贝类摄食的时间和扩大摄食的空间，同样可以获得肥育的效果。或将贝类投入经过施肥、繁殖了大量浮游生物的水池中进行肥育。

肥育对贝类的生长，不论在贝壳或软体部都有显著的效果。虽然在肥育过程中，由于运输和操作，多花了一些劳动力，也会造成一部分贝类的死亡，但在产量和产值上却有很大的提高。以牡蛎为例，据宝安养殖场统计，牡蛎经肥育后的总产量比在养成场未经肥育的增加了262%，产值增加了150%，同时可以提前半年至一年收获，缩短生产周期，加速了资金的周转，肥育是增产的重要措施之一。

五、珍贵品种的养殖——珍珠

珍珠是由珍珠贝等贝类的外套膜细胞所分泌的壳蛋白和碳酸钙的结晶，围绕着一个共同的核心，沉积而成的球形或其他形状的固形物。

珍珠贝等一些贝类为什么会形成珍珠呢？这是由于外来的物质进入外套膜和贝壳之间，后来外来的物质陷入外套膜中并引起了外套膜一部分细胞的增殖，形成了包围外来物质的珍珠囊。珍珠囊分泌珍珠质沉积在外来的物质上而形成天然珍珠。天然珍珠的产量少，形状不很规则，个体一般也比较小。

人工养殖珍珠就是应用天然珍珠形成的原理，对珍珠贝进行外科手术，植入珠核和一小片外套膜，被移植的外套膜小片经过细胞增殖、移动和包围等一系列的变化，形成了包围珠核的单层上皮的珍珠囊，由珍珠囊分泌珍珠质镀在珠核上而形成人工养殖珍珠。

珍珠的养殖是在一般贝类养殖的基础上进行的。即经过采苗、养成的过程，将珍珠贝养成适合施行手术的规格，然后再进行外科手术植入珠核和外套膜小片，经过一段时间的护理之后，进行 1 ~2 年的育珠，管理方法与一般贝类的养成无大区别。经过育珠期之后就可以开贝取珠。

第二篇　养殖各论

第五章　海水鱼类养殖

第一节　真鲷养殖

真鲷（Pagrsomus major），俗称红立、加腊等。体色鲜红，具吉祥喜庆之兆，因此备受消费者厚爱。在我国和日本均为喜庆之日必备的上品，是我国名贵的海产经济鱼类。

养殖真鲷的国家主要有日本、朝鲜和中国。养殖方式主要为网箱养殖，此外也有港养殖和工厂化养殖。鲷科鱼类中除真鲷外，养殖较多的还有黑鲷和平鲷。

一、生物学特性

（一）分类地位和形态特征

1. 分类地位：真鲷属于鲈形目、鲷科、真鲷属。

2. 形态特征：体侧扁、头大、口小（见图4），背鳍（D）硬棘Ⅶ条、软鳍9～10条，侧线鳞52～60条。体色淡红、背部有青绿色斑点。鱼鳞有圆鳞与栉鳞之分，真鲷的鳞片为栉鳞。

（二）分布与习性

1. 分布：我国主要分布于黄渤海、东海和南海；国外主要分布于朝鲜、日本、美国的夏威夷、菲律宾、印度及澳大利亚等国。

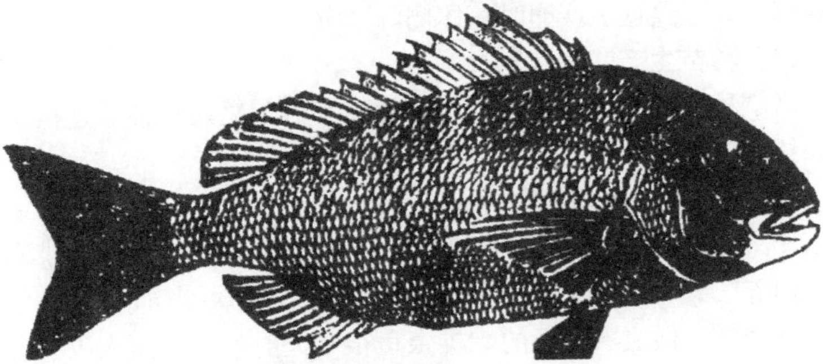

图7　真鲷（Pagrosomus major）

2. 习性：真鲷为近海暖水性底层鱼类，一般生活在30～40米水深的岩礁、砂砾及沙泥质之海区。特别喜欢在海底凹洼处停留，喜结群，游泳较快。最适水温20～28 ℃，18 ℃以上食欲旺盛，11.5 ℃时停止摄食，4 ℃以下死亡。最低溶氧量为1.5毫升/升。

（三）食性、年龄与生长、繁殖

1. 食性：真鲷为肉食性鱼类，主要以底栖甲壳类、软体动物、棘皮动物、小型鱼虾等为食。人工养殖主要投喂下杂鱼。

2. 年龄与生长：10月龄以下生长较快，14～15月龄生长渐缓。最大个体有10余公斤。真鲷的生长在不同地区相差较大，总的来说，南方比北方快。

3. 繁殖：

（1）性成熟年龄：性成熟年龄一般为4龄，黄海多为5～6龄，厦门雌鱼3龄，雄鱼2龄。成熟卵为球形、相互分离、浮性，卵径0.97～1.20毫米，内有油球一个，直径0.22～0.25毫米。

（2）产卵期：黄渤海为5～7月，福建厦门为11～12月，广东为11～2月，日本濑户内海为2～3月。

（3）怀卵量：黄海真鲷5龄产卵30～40万粒，6龄40～50万，10龄90～100万。成鱼怀卵量，体重1.1公斤的雌鱼为30～40万粒，4公斤左右为100万粒，6.4公斤的个体怀卵704万粒。

（4）产卵习性：真鲷分为春季生殖群体和秋冬季生殖群体。分批产卵。春天水温上升到15 ℃时，亲鱼游动迅速，日落时聚集成团，相互追逐。产卵时鱼体侧卧平游。

二、种苗生产

真鲷种苗的生产包括天然苗的捕捞和人工繁殖培苗。这里主要介绍人工育苗技术。

（一）亲鱼培育与采卵孵化

1. 亲鱼来源：人工繁殖的亲鱼主要来源于天然海区捕捞和人工饲养。繁殖季节捕获的亲鱼如成熟良好，可当即人工采集精、卵授精。但成熟良好的雌雄亲鱼很难同时捕到，而人工饲养的亲鱼也能成熟。

2. 人工催产：繁殖季节，选择发育良好的亲鱼运到室内（或露天）水泥产卵池进行人工注射激素催产。产卵池亲鱼密度为0.5～1.0公斤/米^3，雌雄性比为1:1～1.5，水温17～20 ℃，比重1.023。雄鱼性成熟时身体发黑，成熟良好者轻压腹部有白色精液流出。雌鱼成熟时体色变红，生殖孔充血突起，腹部膨胀隆起，成熟良好者腹部柔软。可用吸管或注射用硅胶管抽吸卵子出来镜检，卵径达0.6毫米以上者可人工催产。常用的催产激素有HCG、LHRH类似物和脑垂体等。HOG用量为雌鱼1 000国际单位（IU）/公斤，雄鱼500 IU/公斤。

3. 采卵与孵化：真鲷产卵分为自然产卵受精和人工采卵授精。自然成熟良好或人工催熟效果良好的亲鱼可创造条件让其自然产卵受精，否则须进行人工采卵授精。成熟良好的雌雄鱼在产卵池中相互追逐、摩擦，然后排放精卵受精。受精卵浮于水面，可在产卵池的溢水口用箱笼收集，网目规格0.5毫米，受精卵直径0.9毫米。一般在晚上产卵，一晚每尾可产5～15万粒，3～4周可产完。

人工授精时，用手操网或淡水用的“亲鱼担架”将亲鱼捞起检查，卵成熟时即可采卵，先抹干一些水分，用手挤卵入盆，然后（或同时）将精液挤入盆中授精并用羽毛轻快地搅拌，再逐渐加入生理盐水或过滤海水，30～60分钟后用过滤海水洗去多余的精液，收集受精卵计数待孵化。

受精卵的计数方法包括重量法、体积法和抽样法等。1克受精卵≈18 000粒，每1 000粒卵的容积为1厘米^3。用水泥池或网箱孵化，孵化的最佳条件为：密度 15 ~ 30 粒/升，水温 17 ~ 20 ℃，比重 1.023，微充气。

（二）仔鱼培育

1. 仔稚鱼的发育：

初孵仔鱼全长 1.94 ~ 2.6 毫米，肌节 26 ~ 27，卵黄囊椭圆形，口未开，肛门封闭。仔鱼头部朝上，仰卧于水面，很少活动。

孵化后 4 天左右仔鱼开口，鳃孔完全通开，肠前部膨大，开始摄食，并开始以正常姿势游泳。

6 天后全长 3.55 毫米，肠前部进一步扩大，在体腔中形成回折，出现气鳔。头部背面有一大型黑色素细胞，尾部下方有一排黑色素。

8 天以后上颌出现小齿，卵黄、油球完全吸收。

19 天全长 6.10 毫米，鳍条形成。

24 天全长 8.9 毫米，各鳍逐渐形成。

2 个月后，尾叉形成，侧腺形成。

危险期：3 个危险期。第一个，孵化后 3 ~ 5 天；第二个，孵化后 10 天左右；第三个，孵化后 20 天左右。

2. 仔鱼培育：

为了生产管理上的方便，可把初孵仔鱼 ~ 10 毫米规格的仔鱼称为前期仔鱼，10 ~ 30 毫米称为后期仔鱼，30 毫米以上称为稚鱼或鱼种。鱼种可出售或直接进行成鱼养殖，或经标粗后投放养殖。

（1）前期仔鱼培育：仔鱼孵化后可在原池培育，也可收集仔鱼到专门的培育池培育。培育水体 20 ~ 100 米^3，水深 1 ~ 2 米。培苗用水经沙滤。进水管放水入池时再用 200 目筛绢过滤。仔鱼可用虹吸法收集，用桶带水入池。操作必须仔细、熟练。饲养密度 4 ~ 14 尾/升。培育初期可用静水，5 ~ 10 天后改为流水或充氧换水。换水量由 30%/天逐渐增加至 200%/天。充气每 2 ~ 4 米^2 一个气石。水温 14 ~ 23 ℃，pH 7.6 ~ 8.6，光照 2 ~ 3 万 L_X，溶氧量 4 ~ 6 毫升/升，氯度 17‰ ~ 18‰。可定期加 1 ~ 2 ppm 土霉素或四环素预防疾病。

仔鱼3毫米左右开口，开口饵料为轮虫，以前也有用牡蛎幼体的。生产一条10毫米的仔鱼约需4万个轮虫。当仔鱼长到7毫米以上时开始互相残杀，此时可投喂鱼虾肉糜。因此当仔鱼长到8～13毫米时必须分池饲养。此阶段约需一个月左右，成活率可达60%～70%。

（2）后期仔鱼培育：分养后的仔鱼一般在海上网箱中培育。网箱规格5×5×5米，网眼2毫米，随着生长逐渐加大网眼规格。7～10天换一次网箱，网箱上面加缝盖网以防外界干扰。由于仔鱼游泳能力弱，要注意海水流速的影响。仔鱼投放密度为：1 000～2 000尾/米^3。培育一个月左右可达30～40毫米，成活率40%～50%。主要饵料为浮游动物、鱼虾肉糜和人工配合饲料等。

（3）土池培育：仔鱼孵化后在水泥池中培育到5毫米左右即可放到土池中培育。土池水深1～2米，面积0.75～1公顷。摄食浮游生物和人工饲料，当仔鱼长到20毫米左右开始换水10%，换水用网的网目规格为4～5毫米，可培育至50～100毫米。

3. 仔鱼的饵料系列：饵料系列为：牡蛎（或贻贝、藤壶）幼体→臂尾轮虫→卤虫（丰年虫）无节幼体→挠足类→鱼、虾肉糜或配合饲料。也可直接用轮虫作开口饵料（见图8）。

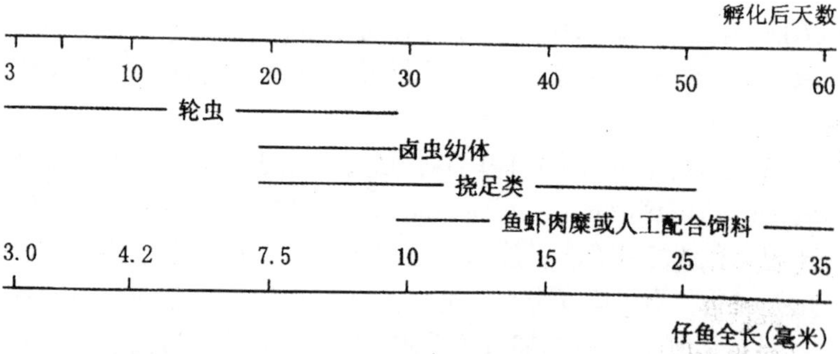

图8　真鲷的饵料系列

3～30天的仔鱼可投喂轮虫，投喂量为5～10个/毫升。轮虫在投喂前须经小球藻或鱼油强化培育，否则会出现营养不良的现象。20天左右的仔鱼可投喂卤虫无节幼体，但在生产中发现投喂卤虫幼体出现大批死亡现象，因此有的养殖场放弃用卤虫，改为天然浮游动物与卤虫幼体混合投喂，甚至只投喂浮游动物。投喂卤虫时也须经过强化培育。7 毫米以上可以投喂浮游动物或其他初孵仔鱼。浮游动物用拖网捕捞或用灯光诱集捕捞。10 毫米以后可投喂鱼虾肉糜或人工配合饲料。在网箱中进行后期仔鱼培育时，一般白天投人工饲料，一日 4 ~6 次，晚上用灯光诱集浮游动物。

4．收获与运输：小于 10 毫米的仔鱼可用 50 毫米直径的虹吸管灯光诱集虹吸，短途运输可用桶带水提运，长途可用塑料薄膜袋充氧运输。10 ~ 13 毫米时由于其游泳能力增强，不能用虹吸方法收集，只能放低池水用网或桶收集。20 毫米以上时，可饿一段时间后投食诱集，用网或桶收集。饲养于海上网箱的鱼苗可用手操网或桶很容易地收集。30 ~ 40 毫米的鱼可用活鱼船运输，水温（T）<20 ℃，溶氧（DO）>3 毫升/升。为了防止运输过程中受伤引起感染，不论天然苗或人工苗，在运输前最好经过药物处理，或药浴或口服抗生素。

5．日常管理工作：

数量管理：有关数量方面的管理项目主要包括受精卵计数、孵化率计算、成活率检查、饲养水体测量、仔鱼密度计算、换水量和投饵量的确定等。

水质管理：主要包括水温、盐度、pH 值、DO、三氮等的测定和定期换水等。

病害防治：坚持预防为主的原则。做好工具消毒、水体过滤工作，定期定量用药物预防水体污染。操作过程中防止引入外源病原生物。

饵料管理：及时提供保质保量的饵料生物，投喂量要适当。人工饲料要新鲜。

根据以上管理要求，技术人员必须勤观察、勤记录、勤动手，做好生产日志。

三、成鱼养殖

（一）养殖场地的选择

养殖海区水温以 20 ~ 28 ℃最好。真鲷要求较高的盐度，不能有急剧的盐度变化。水流要畅通，养殖海区要求避风，波浪较小，水草和杂藻少，透明度大，低潮时水深在两个网箱深度以上。底质以泥沙底为好。无工业污染和赤潮。另外要考虑交通、通讯、能源、种苗和饵料来源等问题。

（二）放养密度

一般放养密度为4～10公斤/米^3。鱼体规格不同其放养尾数也不同（见表2）。

表2　真鲷网箱养殖放养密度（尾/米^3）

个体重量（克）	放养尾数
25	150～300
100	65
200	23
400	14
1 000	6～7
2 000	3

（三）营养与饲料

真鲷对蛋白质要求较高，一般在45%以上，脂肪10%～15%，碳水化合物10%～15%，灰分15%～21%。

投饲量的多少一般多采用“饱食投饵”，即让鱼吃饱为止。也可按规定的标准投饵，鲜活饵料平均为鱼体重的5%（见表3），配合饲料为鱼体重的2.5%～4%。水温不同，投饵量要有所变动。

表3　真鲷的投饵量（体重的百分比）

体重（克）	水温（℃）	投饵率（%）
<30	22～27	12
30～90	27～22	12～7
90～110	11～13	7～4
110～170	13～17	4～2
170～600	17～27	4～7
600～730	11～13	5～3
730～1 200	1～27	5～8

（四）饲养管理

投饵管理：投饵要定时、定位、定量、定质。饵料的质量最重要，腐烂变质的食物一律不喂，要及时清除残饵。

网箱管理：定期清洁、更换网箱，经常检查网箱是否完好，以防破烂逃鱼。

病害防治：平时要搞好清洁卫生工作，脏东西一律不往海里倒。工具定期消毒，水环境定期泼洒药物灭菌，定期投喂药物饲料防病。如有死鱼要及时捞出水面，发现病鱼及时治疗或隔离饲养。

生长管理：定期检查鱼体生长情况，掌握鱼体存栏数量，以作为其他方面管理的决策依据。

生产过程中做好各方面的数据记录，并进行经济效益分析，为来年生产提供参考。

四、病害防治

随着真鲷网箱养殖规模的扩大，病害发生日益频繁。福建、广东、海南等地近年发生病害死亡现象。病害已成为限制此项养殖业继续发展的重要因素之一。因此在养殖生产中病害的防治是一项十分重要的工作。

真鲷疾病防治的基本原则：（1）应树立科学观念，以防为主，定期开展药浴和药饵防病，早发现，早诊断，对症下药；（2）加强宏观管理，合理布局，保持网箱鱼台间距，保持水流畅通，改善养殖环境；（3）业主之间要树立全局观念，互相合作，及时通报病情，组织研究防治对策，减少病害损失。主要治疗措施包括：（1）驱虫：淡水、6% ~8% 食盐水或 0.2 ~0.3 ppm 晶体敌百虫水溶液浸泡；（2）消炎：外用高锰酸钾、漂白粉等消毒，内服呋喃西林、呋喃唑酮或抗生素等；（3）霉菌：主要用孔雀石绿（0.1 ppm）浸泡；（4）非生物疾病：口服维生素制剂、酵母片等，或采取降低饲养密度、多品种搭配混养等措施。

（一）微生物类疾病

1. 病毒性疾病：

淋巴性白血病：是一种恶性肿瘤。每年 11 月至翌年 4 月低水温期发病。病鱼食欲减退，游泳缓慢，体色变白，极度贫血。红血球增多变小；淋巴细胞增生并浸润组织。常伴随弧菌和滑走细菌的二次感染，呈现溃疡病，鳃变白、肝变绿、脾肾肿大、胃充满粘液、腹腔有混血积水。目前尚无有效防治措施，主要用药物预防治疗二次性细菌感染。

淋巴囊肿病：是一种慢性皮肤病。多发生在夏季高水温期。病鱼体表皮肤、鳍上出现水泡状肿胀物，集块或分散出现。鱼体在机械损伤、寄生虫损伤或其他情况下，通过接触病鱼而感染。发病后 2～3 个月能自愈，但影响鱼体生长和商品价值。因此，一旦发现病鱼，应立即清除，同时改善养殖条件和操作技术。

2．类细菌性疾病：

目前仅报道表皮囊肿病一种。病鱼停止摄食、体色变黑、鼻孔上扬呼吸，严重者体表和鳍上有小囊泡。目前尚无有效防治措施。

3．细菌性疾病：

目前报道多种细菌性疾病，主要有屈挠菌、弧菌、滑走细菌、巴斯德杆菌、爱德华氏菌和球菌等。

致病细菌可分为条件致病菌和原发致病菌，这两大类细菌病预防措施有一定的区别。原发致病菌引起的疾病应尽早切断传染源，早发现，早诊断，销毁病鱼，进行预防。条件致病菌以消除条件紧迫，改善养殖条件和增强鱼体抗病能力。但二者均应结合药物预防和治疗。

弧菌和滑走细菌病：又称为溃疡病。两类细菌具有一定的协同作用，均为条件致病菌，可在自然海区存活。在机械损伤、寄生虫损伤或机能障碍等情况下，这些细菌乘虚而入，使之发病。全年均可发病，主要在高水温期流行，最适水温 20～25 ℃，低水温期仍可发病，是真鲷冬季溃疡病的二次性病原菌。

弧菌病：病鱼体色黑化、鳍部充血、前额体表形成溃疡，眼球突出、角膜白浊，肠管发炎，肝肾病变明显，贫血。

滑走细菌病：在稚鱼中发现较多，又称“赤口病”、“尾腐病”。病鱼头部吻端糜烂，从吻端至鳃盖充血发红，尾柄部白浊肿胀，鳞片竖起，尾鳍腐烂，导致鱼群大量死亡。

目前主要采取预防措施，在高温季节投喂优质饵料，并定期投喂复合维生素剂和抗菌类药物，增强抗病能力；冬季进行药浴，减少寄生虫感染，防止细菌侵入。

巴斯德氏杆菌病：又称为细菌性类结疖病。病鱼眼和鼻孔周围及胸鳍基部有大小不等的脓疡病灶，脾脏有许多白色粟状结疖，肾脏肿大，贫血，肝脏亦有结疖。本病原菌在海水中存活期短，其感染是通过摄食被污染的饵料或病鱼尸体而引起，发病水温在 20 ℃以上。定期投喂抗菌药物（磺胺类、呋喃类），避免饵料污染，及时除去病死鱼，防止发病；可用红霉素和氯霉素进行治疗。

爱德华氏病：病鱼厌食、行动迟缓、肛门突出、肛周红肿，腹部膨胀、腹腔积水，肠内有淡黄色粘液，肝脏有白点状脓疡病灶，肾脏肿大、坚实，尾鳍和背鳍出现腐烂。为原发性致病菌。杜绝污染源是防治的主要措施，同时结合使用抗菌类药物。

球菌病：鱼体单侧或双侧眼球角膜白浊，眼球外突、充血甚至脱落。病鱼游泳无力，摄食不活跃，体侧肌肉白浊。

（二）寄生虫性疾病

真鲷寄生虫病原体多种多样，包括寄生原虫、单殖吸虫、腹殖吸虫、线虫、棘头虫、寄生甲壳动物和单胞藻等。

1. 寄生单胞藻病：真鲷中发现有淀粉卵甲藻寄生。主要在体表和鳃部，被寄生处可见许多小白点，并发炎出血坏死。病鱼厌食体弱，或侧卧于池底，易被细菌感染，最后衰竭致死。病原体最适水温 25～29 ℃。

2. 寄生原虫病：目前主要有刺激隐核虫、车轮虫和微孢子虫等。

刺激隐核虫：又称“海水小瓜虫”。主要寄生在皮肤和鳃上，被寄生处分泌大量粘液，组织糜烂。病鱼食欲不振，身体消瘦，游泳迟缓，呼吸困难，窒息致死。病原体最适水温 20～30 ℃。

车轮虫：主要寄生在鳃部。寄生过多时刺激鳃丝分泌过多粘液，上皮增生，妨碍呼吸，严重时引起二次感染或死亡。主要在夏季高水温期流行。

这两种寄生原虫和淀粉卵甲藻均是体表寄生，可用药浴或淡水浴驱虫治疗，用淡水浸泡10分种可达到驱虫和消毒作用。

微孢子虫：寄生于体侧肌肉，形成孢囊肿胀，白色，由大量椭圆形孢子虫组成。

3．单殖吸虫病：主要有真鲷双阴道虫、头锚虫和本尼登虫。前两种寄生于鳃部，冬季发生。后者寄生于体表，4～7月发生。病鱼游于水面，有时狂游，摄饵下降，贫血。寄生严重时可直接致死。同时还引起鱼体损伤发生继发性细菌感染。防治方法同体表寄生虫。

4．腹殖吸虫病：包括消化道寄生成虫和组织寄生后蚴。一般感染强度低，但影响消化吸收。抵抗力下降时感染率高。

5．真鲷线虫病：寄生于真鲷的线虫种类较多，主要寄生于肠道组织。未有致死报告。但影响生长及商品价值。

6．棘头虫病：虫体寄生于直肠致使肠内壁糜烂，同时引起二次性细菌感染。该虫中间寄主是浮游端足类和部分小鱼，难于预防。

目前对上述三大类寄生蠕虫类均采用药物驱虫法进行治疗，常用药物有别丁（Bithionol）和Bephenriu米及其他肠道驱虫药。

7．寄生甲壳动物病：主要是海水鱼虱及其幼虫，多寄生于稚鱼（7.2～11.3毫米）。鱼体被寄生后烦燥不安，游动剧烈，逐渐衰竭致死。

（三）非寄生性疾病

非寄生性疾病主要有两大类，即急性死亡和慢性疾病。急性死亡主要有生物毒素中毒、缺氧、农药等污染等致死；慢性疾病主要有畸型病、腹水病、气泡病、黄脂症和体表白浊症等。

畸型病：病鱼脊椎弯曲，死亡率高。气泡病、营养不良、重金属污染等可造成脊椎弯曲，也可能由遗传因素引发。

膀胱内异物致腹水病：人工鱼苗中，鱼苗孵出7～20天时膀胱内出现结石等异物，导致腹水病而死。

肠管气泡病：鱼苗吞食气泡滞留体内，鱼体失去平衡，最后体力衰竭而死。

黄脂症：是由于鱼体长期摄食变性脂质，吸收后与蛋白质结合而沉积下来。病鱼肝为黄色，消化管周围有变性脂肪沉着。在脾、肾、心、脑也有。因进一步转化这些脂质需消耗大量维生素而导致维生素缺乏，产生血行障碍和皮肤坏死，继发细菌感染。

体表白浊症：系一种综合症。病鱼皮肤表面有许多凹凸不平的小点，体表白浊，死亡率高。主要原因为重金属中毒。

第二节　石斑鱼养殖

石斑鱼（Ephinephelus spp.）为石斑鱼属鱼类的中文通称，也简称为石斑。其种类繁多，全世界约有百种左右。在我国已知的有31种，人工养殖的约十几种，最常见的有赤点石斑（俗称红斑）、鲑点石斑（青斑）、青石斑（泥斑）、云纹石斑（土斑）、巨石斑（猪羔斑）、橙点石斑（芝麻斑）、六带石斑（黄肚斑）等。

石斑鱼为珍贵的海产经济鱼类。肉质鲜美，营养丰富，不仅含有丰富的蛋白质和脂肪，而且还含有丰富的钙、磷、铁等物质，是人们喜食的高级水产品。

石斑鱼是海水网箱养殖的主要品种。养殖石斑鱼的国家（地区）主要有日本、中国、东南亚和香港地区等。

一、生物学特性

（一）分类地位和形态特征

1. 分类地位：石斑鱼属于鲈形目、鮨科、石斑鱼属。

2. 形态特征：身体较长、侧扁而粗壮，呈纺锤形或椭圆形（见图9）。背鳍（D）硬棘Ⅺ条、软鳍14～18条，尾鳍圆形、截形或凹形。体被细小栉鳞，口大有齿。体色鲜艳并具有斑点或斑纹，且常随栖息环境的颜色变化而改变。

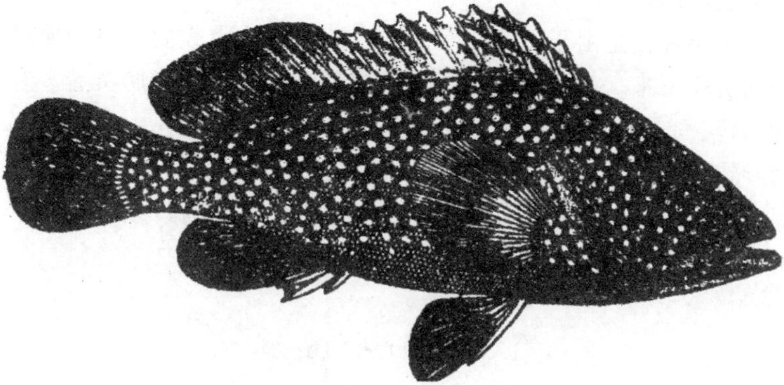

图 9　赤点石斑鱼（体长 168 毫米）

（二）分布与习性

1. 分布：石斑鱼分布于世界各国暖海海域沿岸。我国主要分布于浙江、福建、广东、广西和海南沿海一带。

2. 习性：石斑鱼为近海暖水性中下层鱼类，多生活在岩礁底质海区，常栖息于沿海岛屿附近的岩礁间或珊瑚礁的缝隙中。夜行性，利用嗅觉觅食，白天隐藏于岩穴内，一般不结成大群。最适水温 22～28 ℃，18 ℃以下时食欲减退，15 ℃以下鱼体就失去平衡。对盐度的适应范围很广，可生活在 11.00～41.00 的盐度范围内。

（三）食性、年龄与生长

1. 食性：石斑鱼为肉食性鱼类，性凶猛，喜食鱼、虾、蟹类，饥饿时有自相残杀现象。以活虾作诱饵，可用延绳钓或手钓捕获，主要捕捞季节在 4～11 月。人工养殖主要投喂下杂鱼。

2. 年龄与生长：石斑鱼的年龄鉴定可用鳞片、耳石、脊椎骨和鳃盖骨等，其中以胸鳍附近的鳞片最为合适。1 龄鱼体长平均约为 141 毫米，体重 250～300 克，2 龄鱼 200 毫米，体重 500～600克，3 龄鱼 251 毫米，体重 800～900 克，4 龄鱼 298 毫米，5 龄鱼 319 毫米，6 龄鱼 356 毫米。鱼体的生长过程，通常在鱼苗阶段和老龄阶段较慢，中间阶段较快。红斑 10 厘米之前生长较慢，10 厘米之后直到 4 龄生长较快。

（四）繁殖

1．性别：石斑鱼为雌雄同体、雌性先熟鱼类。即开始为母鱼，之后转变为公鱼。红斑的性转变期为体长270～300毫米、体重700～1 000克期间。

2．性成熟年龄：自然海区的石斑鱼性成熟的最小个体雌性为体长230～240毫米、重500～600克，年龄一般为3龄。300毫米以上雌鱼很少，340毫米（5龄）以上为雄鱼，小于260毫米（体重500克）以下无雄鱼。

3．繁殖期：成熟周期一年一次，一般为春夏季，各地因纬度和鱼种不同而有差异。如红斑在日本为7～9月，台湾为3～5月，香港为4～6月，而台湾省的点带石斑为3～5月，鲑点石斑为4～7月。南海的青石斑鱼为4～6月。

4．怀卵量：怀卵量因鱼体大小及种类而异。如青石斑鱼，体长200～250毫米者怀卵量为15～20万粒。卵浮性，球形，具油球。受精卵无色透明，分离，直径0.7～0.8毫米。

5．产卵习性：石斑鱼在繁殖期具有洄游产卵场进行繁殖的习性。分批产卵，产卵场一般位于向海斜坡的珊瑚礁上方，而且靠近深水域，海底通常有洞穴和暗礁供躲藏。产卵场水温18～22℃，盐度20～34，水深30～60米。生殖周期与月周期有关。一般在满月或新月的晚上产卵。

二、种苗生产

石斑鱼种苗的生产包括天然苗的捕捞和人工繁殖培苗。目前养殖用种苗主要依靠天然苗的捕捞。

（一）天然种苗的捕捞

1．拖网捕捞　两翼网长40米，高3.3米，网目0.7厘米，拖绳索上系有贝壳、羽毛等物，以惊吓鱼苗。拖网的缺点是鱼苗受伤多，一般成活率只有70%～80%。

2．围网捕捞　网呈长方形，一般网长10米，高1.5米，网目1.0～1.5厘米。发现鱼苗后，顺风围捕，操作须手勤眼快，动作协调，由深水向浅水围拉。捞苗时，网不要离水，以免鱼苗逃窜。

3．小拖网捕捞　网具呈长方形，网长8～10米，网高50～

80 厘米，网目 0.4～1.0 厘米。作业时，两人拖曳前进，步调一致，动作敏捷，上下网拉得适当，才能得到满意的结果。在小潮过后，就逆水呈半圆形向前围捕。围捕时使网保持一定的深度，过高或过低都会使鱼苗逃逸。

4. 推曳网捕捞　网呈三角形，网目 0.4～1.2 厘米，底口拴沉子 8～10 个，两侧拴推竿两根，下安木脚，以免捕捞时陷入泥中。此网一人操作，适用于有小型水沟、滩面广阔的地方作业，一般在涨、退潮时推捕 2～3 厘米的鱼苗。

（二）人工种苗的繁殖培育

1. 亲鱼来源：采捕天然海区或人工饲养的群体。雄鱼不足时，可以投喂甲基睾丸酮，剂量为 1 毫克/（公斤·天），连续投喂 2～3 个月以促使雌鱼转变成雄鱼。雌鱼可用激素催产，HCG 雌鱼 1 000 国际单位/公斤体重，雄鱼 500 国际单位/从斤体重；LRH～AIO 微克/从斤体重，分两次注射。产卵池中的亲鱼每天下午 3 点左右用新鲜下杂鱼加适量的复合维生素和鳕鱼油投喂一次，投饵量为亲鱼体重的 1%～2%，产卵池每天换水一次，水量 30%～50%，4～6 小时完成。及时清除残饵，水质条件要求：水温为 21.4～24.5 ℃，盐度 23.3～28.5，溶解氧 5 毫克/升，充气或用流水饲养，流量为 0.8～1.2 立方/小时。

2. 采卵与孵化：通常用自然产卵的方法收集受精卵。性成熟的雄鱼体表颜色变淡，头部出现棕白相间的带状条纹，雄鱼追逐雌鱼，雌鱼在水中排卵，受精卵在排水口用网箱收集，网目 30 微米。有时也可人工挤卵，进行干法授精。受精卵用 1 毫米网目的筛绢过滤清除杂物，然后放入孵化池（桶）中孵化。青石斑鱼的卵径 0.75～0.79 毫米，吸水后 0.9～1.1 毫米，油球一个，直径 0.15 毫米。赤点石斑鱼卵径 0.74 毫米，吸水后 0.77 毫米，油球 0.5 毫米。吉石斑鱼受精卵在温度 21.4～27 ℃、盐度 23.3～26.5 时 24 小时孵出，23.2～23.4 ℃时，27 小时孵出。赤点石斑鱼受精卵在温度 25.0～25.9 ℃、盐度 30 时 24 小时孵出。不同水温下孵化率不一，以 25 ℃时孵化效果最佳。而盐度低于 26 时，孵化率也低于 26%。

3. 仔鱼培育

培育用水体：水泥池或玻璃钢槽。

培育条件：弱光，光照强度不超过 2～3 万 Lx，水温 24～29 ℃，溶氧量 4.24 毫升/升，盐度 23.3～30，过滤水，水中加单胞藻，浓度维持在 10～20 万个细胞/毫升。

仔鱼的饵料系列：牡蛎（或贻贝、藤壶）幼体→臂尾轮虫→卤虫（丰年虫）无节幼体→挠足类→鱼、虾肉糜或配合饲料（见图 10）。

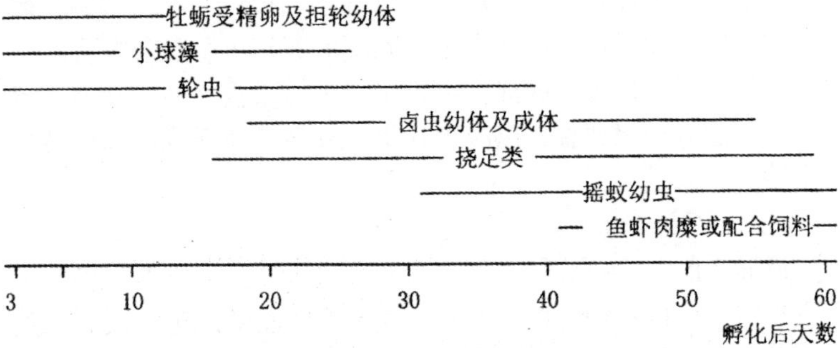

图 10　石斑鱼的饵料系列

轮虫和卤虫在投喂前 6～12 小时须投喂高度不饱和脂肪酸浓缩液、小球藻或鱼油强化培育，否则会出现营养不良的现象。仔鱼放养密度为 1.5～3 万尾/立方米，充气，孵化后第 7 天开始换水，吸除池底污物。第 30 天后出现自相残杀，应按仔鱼大小进行分池，分池后放养密度 500～1 000 尾/立方米。38 天后在池底放置隐蔽物。

石斑鱼对操作十分敏感，大小分级应在变态和色素沉着后进行。但此时仍很敏感，应十分小心，且不宜离水操作。

50 日龄时，变态已接近完成，生活习性逐渐变化。从中上层转为底层聚居，此时可以开始投喂食鱼肉，其大小以通过 2 毫米钢丝筛为宜。每天投喂 6 次，并混以卤虫成体。一周后可驯食人工颗粒饵料。

日常管理工作的内容与真鲷人工育苗相同。包括各个环节的数量管理、水质控制、病害防治、饵料管理和安全管理。

三、成鱼养殖

石斑鱼的养殖方式主要为网箱养殖，此外还有池塘（鱼（塭））养殖和工厂化养殖。目前石斑鱼的繁殖技术尚未完全过关，养殖用苗种主要是采捕的天然苗，大小不齐，放养前应按大小分类，去除伤病鱼和野杂鱼。

（一）池塘养殖

在高低潮水线之间的浅滩建造鱼池，利用潮水涨落进行海水交换。池底依石斑鱼的习性，放置一些石块、砖头等以供石斑鱼躲藏。池水深度保持 1.5 米以上。每日早晚投饵一次，饵料以撒投为宜。饵料撒投后尚浮在水中，隐藏的石斑鱼即群起抢食，饵料沉底后就无此现象。因此，在投饵时可借撒投之便，观察其摄食情形，随时加以调整，以减少残饵，有利于降低成本和保持良好水质。

（二）网箱养殖

放养密度：一般放养密度为 8～12 公斤/米^3。放养规格宜大不宜小。小规格鱼种阶段，全长 7.5～10.0 厘米的鱼种放养密度为 100～150 尾/米^2，大规格鱼种阶段（全长 12.5～15.0 厘米），放养密度为 44 尾/米^2，养 2～3 个月后转入成鱼网箱，放养密度约 40 尾/米^2，

营养与饲料：石斑鱼属肉食性，目前仍以下杂鱼虾为主。稚鱼期，将小杂鱼用碎肉机搅碎，并掺些鳗鱼饲料以增加黏性。有关试验表明，石斑鱼对饲料蛋白质含量要求在 40%～50%。每两天投喂一次生长较快，净产量高，饵料系数低。

投饲量为鱼体重的 10%～30%。由于石斑鱼对投下的饲料采取远离监视而不立即摄取的态度，因而饲料多散落在网底。另一方面，石斑鱼喜食活饵料，对静止的东西不感兴趣，因此沉底的饲料不被摄食，既浪费又败坏水质。鲷类的食性则不同，见饵即抢，可带动石斑鱼摄食，清除网底饲料。因此可考虑混养一些鲷类和鲻鱼等。既对石斑鱼摄食有利，促进其生长，同时减少饲料消耗，增加收入。

饲养管理：石斑鱼属凶猛性肉食鱼类，自然环境中常隐藏于岩石缝或珊瑚间，待机捕食动物，饱食后又回到隐蔽处。因此也

可在养殖池中设置隐蔽物。

投饵要“四定”：定时、定位、定量、定质。饵料的质量最重要，腐烂变质的食物一律不喂，要及时清除残饵；定期清洁、更换网箱，经常检查网箱是否完好，以防破烂逃鱼；平时要搞好清洁卫生工作，脏东西一律不往海里倒。工具要定期消毒，定期泼洒药物灭菌，定期投喂药物饲料防病。如有死鱼及时捞出水面，发现病鱼及时治疗或隔离饲养。

定期检查鱼体生长情况，掌握鱼体存栏数量，为生产管理决策提供依据。养殖过程中做好各方面的数据记录，并进行经济效益分析，为来年生产提供参考。

四、病害防治

养殖石斑鱼必须严防疾病的发生，防重于治。预防方法主要是保持良好水质环境，投喂新鲜饵料，定期用淡水洗鱼以消除附着生物和病害，提高成活率。凡购进或捕捞到鱼苗，必须暂养几天，用淡水浸洗或消毒后，才放入网箱养殖。以后定期淡水（药）浴消毒，或投喂药饵预防。一旦发生鱼病，必须立即采取措施治疗，以防蔓延。如有死鱼应当即捞出，并焚烧或掩埋。常见病害及治疗方法如下。

1．突眼病

病原体为真菌类。病鱼初期瞳孔放大，眼球突出并出血，严重时两个眼球完全脱落，不久即死亡。防治方法可用磺胺嘧啶和抗生素渗入饵料中投喂，效果较好。用量为每100公斤病鱼用磺胺嘧啶200片，每天2次，连服5天。

2．寄生虫病

病原体主要为桡足类寄生虫，主要寄生在鱼体表或鳃丝上。寄生于体表者，使皮肤黏液减少，食欲减退，随后皮肤腐烂，露出筋肉，鱼体逐渐衰竭而死；寄生于鳃丝者，使鳃丝腐烂而发生贫血，并影响呼吸。前者可用淡水浸泡3～6分钟，后者则放入10%浓盐水中浸泡2～4分钟，使寄生虫死亡脱落。也可用2～3 ppm的晶体敌百虫海水浸泡15～20分钟。

3．白点病

病原体为纤毛虫类。病鱼体表和鳍上肉眼可见成片的白点。

防治方法：用5～8 ppm的漂白粉或高锰酸钾淡水溶液浸泡2～3分钟，或用红药水、盐酸奎宁浸泡。

4．肠胃病

病原体为真菌类，多由食物带入。经解剖发现，病鱼的胃或肠呈红色，严重时有出血现象，最终因发炎溃疡而死亡。防治方法：可用抗生素和磺胺剂混入饵料中投喂，用量为每天每公斤鱼用抗生素22～50毫克、磺胺剂100～200毫克，每天两次，连喂5～7天。

5．烂尾病

因机械损伤或互相咬伤尾部，表皮撕裂而使细菌侵入所致。病鱼停止摄食，游于水面。可用畜用四环素或土霉素溶解于淡水浸洗，浓度为1/500，洗4～10分钟，连续洗2～3次。

第三节　黄鳍鲷养殖

黄鳍鲷，又名黄墙、黄脚立、赤翅等。属鲈形目鲷科鱼类，广泛分布于红海、阿拉伯海沿岸、印度、印尼、日本、朝鲜、菲律宾和我国近海，是华南沿海重要的经济鱼类之一。黄鳍鲷营养丰富，肉质佳美，经济价值高，为颇受群众喜爱的食用鱼类，在海水及咸淡水养殖业中占有一定的地位。

一、黄鳍鲷的生物学特性

1．生态习性

黄鳍鲷为浅海暖水性底层鱼类，喜栖于岩礁海区，幼鱼生活水温范围较成鱼狭窄，生存适温为9.5～29.5 ℃，生长最适温度为17～27 ℃。而成鱼可抵抗8 ℃的低温和35 ℃的高温。黄鳍鲷能适应剧变盐度，可由海水直接投入淡水，在适应一星期以后，可重返海水，仍然生活正常，而在咸淡水中生长最好。一般不做远距离洄游。

2．食性

黄鳍鲷为杂食性鱼类，水中的底栖藻类、底栖甲壳类、浮游动植物和有机碎屑等都是其适口饵料。仔鱼期以动物性饵料为主，成鱼以植物性饵料为主。每当初夏，水温回升到17 ℃时，摄食量开始增加，20 ℃时，摄食活动最频繁。一般在黄昏前摄食活动最强烈，下半夜很少或暂停摄食。

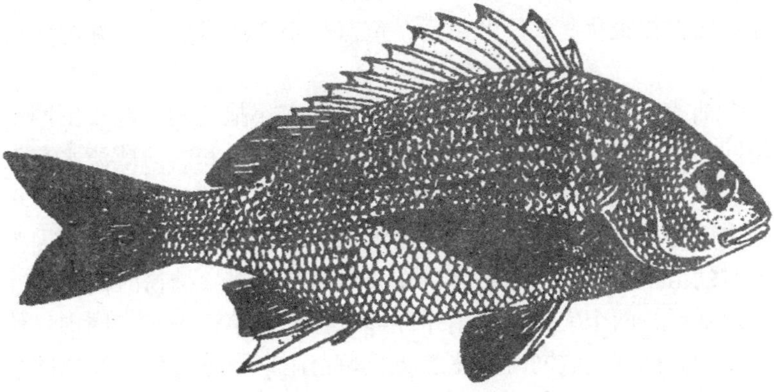

图 11　黄鳍鲷

3. 生长

黄鳍鲷在天然水域中的生长速度为：1 龄鱼体长 17.0 厘米，体重 150 克；2 龄鱼 22.0 厘米，330 克；3 龄鱼 26.0 厘米，560 克，最大个体体长可达 35.0 厘米，体重可达 3 350 克。

4. 繁殖习性

黄鳍鲷为雌雄同体、雄性先熟的鱼类，1～2 龄雄性性腺发育成熟，2～3 龄转变成雌性。每年产卵期为 10 月上旬，属一次分批产卵类型。产卵水温为 16～23 ℃，盐度 25.00～33.00，体长 26.5 厘米、体重 560 克的雌鱼怀卵量约为 40 万粒。浮性卵，无色透明，卵径 0.76～0.84 毫米，有 1 个油球。在水温 20.5～22.6 ℃、盐度 32.00 时，受精卵经 30 小时开始孵化出鱼苗。

二、黄鳍鲷的种苗生产

目前黄鳍鲷养殖所需的种苗，绝大部分依靠海区捕捞天然鱼苗。

1. 鱼苗的采捕

捕捞黄鳍鲷幼苗要掌握好几个技术环节：

生产季节　捕捞黄鳍鲷苗的季节于每年 11 月下旬至翌年 2 月下旬。初次见苗时间为 11 中旬，旺发期为 12 月至 1 月，2 月下旬以后，鱼苗长大分散，只能捕到少量大苗。

掌握规格与群体的变动，每年立冬前，黄鳍鲷开始产卵，幼苗孵化以后成群地游向河口和内湾觅食。11月中旬开始出现少量体长0.5厘米的鱼苗，靠岸的幼苗群体越来越大，至体长2厘米左右时群体最大，2月下旬后，鱼苗长至3厘米以上，并游向较深海区。

捕捞工具和方法　捕捞的网具主要有小拖曳网，麻布围网和缯网3种。前两种网的捕捞地点选在近海河口和内湾咸淡水交汇的浅滩，以及底质沙砾、盐度14.00～15.00的海区。中后期可用闸箔围海猎捕。捕捞时间选在大溯潮退潮后的平流时进行，因为这时幼苗未能随水退出，停留在浅滩容易捕捞。捕捞时两个人在两边拖网，两个人在前面用蚶壳绳赶苗，让苗慢慢游入网内，然后慢慢收拢网。收网时要注意防止鱼苗附网磨擦受伤，又要防止把水搞浑，导致幼苗缺氧窒息死亡。捞取鱼苗时要小心，慢慢放入事先准备好的桶或网箱。缯网捕捞则要选择在涨潮时进行。

2. 黄鳍鲷鱼苗的运输

运输前鱼苗的处理　由海区捕来的鱼苗，要经过筛选，除去鱼体瘦弱和受伤的鱼苗，因为受伤的鱼苗容易感染细菌引起皮肤发炎红肿或发生水霉病，患病后会很快蔓延，造成大量死亡。经过筛选的鱼苗，可用15 ppm的孔雀石绿溶液浸洗5～10分钟。起运以前，要吊养2～3天，使鱼苗受到锻炼和排泄掉粪便，减少运输中水质的污染。

掌握好运输用水　装运鱼苗的用水应与吊养池水的盐度相接近，运输途中加水也要保持盐度相对稳定。

装运密度　海水鱼苗的耗氧量比淡水鱼苗高，故装运密度要少一些。一般一个350公斤容积的大木桶，可装体长1.5厘米的幼苗5～6万尾，或2.5厘米的幼苗3～4万尾。

增氧　增氧是运输途中的重要环节，可采用人工击水和空气压缩机增氧补充相结合的方法。采用这种方法，经过12～16小时的运输，成活率可达90%左右。

运输到达目的地后的处理鱼苗运抵后在下池之前，要调好水温、盐度，不能与运输用水相差太大。鱼苗卸下后先简单清洗，在池中吊养，让鱼苗休息1～2小时，再清理死鱼和污物，然后点数移往放养池。

三、黄鳍鲷的养殖

1．黄鳍鲷的网箱养殖

（1）放养密度

放养鱼苗规格要整齐，以避免相互残杀。一般在标粗阶段，每个网箱可放养 2 000 尾，经过 1～2 个月后，放养密度减至 1 000尾，当体长长到 3～5 厘米时，调整密度为 200～500 尾，在养成阶段，保持 8～10 公斤/米^3。在海区环境较好、管理水平较高的条件下，最大放养密度可达 20 公斤/米^3。

（2）饵料　主要投喂低价新鲜小杂鱼，除外还可搭配植物性饲料混合使用。

（3）饲养管理　鱼苗投进网箱之后，饲养管理工作主要有如下几个方面：

①定时投喂饲料　刚进网箱的鱼苗，若鱼体健壮活泼，第二天便可投喂饲料。若鱼苗因机械损伤或感染上疾病，则需采取治疗措施，经 2～3 天后才投喂饲料，饲料块状，大小因鱼体而定。投喂次数：3～10 月份每天投喂 2 次，11 月至次年 2 月，每 2～3 天投喂 1 次，宜在早晚进行，投喂量为鱼体重的 5%～10%。

②故障检查　要经常检查网箱有无损坏、破裂，注意防止网破鱼逃。在台风季节里，要加固缆绳、覆盖网箱，必要时将鱼排拖到避风的海区。

③定期更换网箱一般从幼鱼养至成鱼，需更换 3 次网箱：在鱼种阶段，网目为 0. 5 厘米；体重 30～50 克时，网目为 1 厘米：体重达 51～150 克时，网目为 2. 5 厘米；体重达 150 克以上时，网目为 3. 75 厘米。

④清理附着物　网箱和浮子在海水中浸泡时间长了，会不断附着贝类、藻类等生物，堵塞网目，影响水流，应定期更换清洗。一般 2 个月清理一次，宜在风平浪静的天气进行。冬季水温低，应避免惊动鱼，不宜更换。

2．池塘养殖

（1）养殖场地的建造

养殖场应选择在靠近海岸、水源充裕、不受污染、交通方便、防台风、防海潮的地方建造池塘，尽量利用天然潮汐的涨落来灌水和排水，养殖场应具备良好的排灌系统，排灌分家。无潮灌能力的养殖场则应安装水泵或水车进行排灌和增氧。精养池塘一般面积为10～15亩，中间培育池面积为3～5亩，长宽比为1∶0.6，水深1.8～2.5米，塘基坚实不漏水，池塘的注排水闸门宽0.8～1米，最大日换水量为30%。放养前，池塘需晒塘、清塘和消毒，以杀灭野生鱼虾。在装好闸门后，引进海水并施肥，培养饵料生物。

（2）养殖方式

黄鳍鲷池塘养殖可分为单品种的纯养，多品种的混养和以单养为主的搭配养殖三种方式。

①单养　每亩放养700～1 500尾，每年1～3月投放鱼苗，规格为2～5厘米，养殖周期为1年至1年半，起捕规格200克以上，投喂冰鲜下杂鱼及人工饲料，亩产一般在150～300公斤。

②多品种混养混养　能合理使用养殖水体，最大限度地利用水域的生产力。常用的混养方式有：

黄鳍鲷、鲻鱼、蓝子鱼混养三种鱼混养　每亩放养量分别为500～700尾（5～7厘米）、200～300尾（7～8厘米）和200～300尾（5～7厘米），养殖一年，黄鳍鲷亩产可达100～150公斤。

黄鳍鲷、金钱鱼、蓝子鱼混养　三种鱼混养每亩放养量分别为700～900尾（5～7厘米）、200～300尾（5～10厘米）和200～300尾（5～7厘米），养殖一年，黄鳍鲷亩产可达150～200公斤。

③以单养为主的搭配养殖　这是为了利用单品种精养过程中不可避免地产生的剩余饵料，调节排泄物造成的水质过肥，浮游生物大量繁生而采用的养殖方法，一般是主养一个品种，辅以搭配放养一个品种：

尖吻鲈、鲷养殖　每亩放养量分别为700～800尾（10～12厘米）和200～250尾（5～8厘米）；

鲈鱼、鲷养殖每亩放养量分别为800～1 000尾（10～12厘米）和200～250尾（5～8厘米）；

笛鲷、鲷养殖　每亩放养紫红笛鲷900～1 000尾（12～14厘米）和黄鳍鲷150～200尾（5～8厘米）；

卵形鲳鲹、鲷养殖　每亩放养量分别为800～900尾（10～12厘米）和150～200尾（5～8厘米）。

搭配养殖的黄鳍鲷于每年3～4月份放苗，翌年2～3月收获，体重约200克，亩产为30～50公斤。

五、黄鳍鲷的病害防治

1．突眼症

病原：由细菌性感染引起。

病状：发病初期，体表无损，也无异常现象，但眼球产生白内障，瞳孔放大，后水晶充血突出，随着病情发展，眼球脱落。

流行季节：主要发生于6～10月。

2．体表溃烂病

病原：由一种弧菌感染引起。

病状：鳍条等发病部位产生黏液，充血，鳍条发红和散开，随着病情发展，患部溃烂，表皮脱落，出血，严重者肌肉外露，不摄食，多在水面晃游。

流行季节：主要发生于10月至翌年5月。

3．锚头蚤病

病原：由锚头蚤寄生引起。

病状：病原体主要寄生于鳃部和头部，有时体表两侧也有发现。

流行季节：每年10月至翌年4月发病较严重。

4．巴斯德氏菌病

病原：由巴斯德氏菌感染引起。

病状：病鱼沉卧箱底。肛门附近红肿突出，消化道内膜充血，并有黄色黏液，肝脏有许多白点，病发不久即死亡。

流行季节：主要发生在8～10月水温较高时期。

常用药物和防治措施

1．外用消炎药物

高锰酸钾：8～10 ppm，浸泡3～5分钟，防治体表溃烂病。漂白粉：3～5 ppm，浸泡3～5分钟，防治细菌性病。晶体敌百虫：0.5～1 ppm泼洒，防治寄生虫类疾病。硫酸铜：20～30 ppm，浸泡15～20分钟，防治蠕虫病。

2. 内服药物和一般使用剂量

磺胺类：100～200毫克/公斤鱼，每2～3天投喂一次（与饲料混合）疗程7～9天，对巴斯德氏菌病有效。土霉素：25～30毫克/公斤鱼，每2～3天投喂一次，疗程7～9天，对防治各种细菌性病有效。四环素和金霉素：30～40毫克/公斤鱼，疗程7天，可防治各种细菌性病。

第四节　鲈鱼养殖

鲈鱼，又称花鲈、白鲈、青鲈、青寨、牙鲈、板鲈等。在分类学上属鲈形目，鮨科。分布于西北太平洋沿岸的日本、朝鲜和中国沿海，我国沿海以南海较多，是我国沿海和江河的经济鱼类之一。鲈鱼肉质坚实，细嫩洁白，味道清香鲜美，其肌肉含粗蛋白19%，含粗脂2.5%，还含有维生素A、B、D等，营养价值很高，在广东，名列“西江四大名鱼”之首。据称，鲈鱼对伤口愈合有特殊的功效，因而，病人在开刀后常食鲈鱼。

一、鲈鱼的生物学特性

1. 生态习性

鲈鱼属浅海性鱼类，适盐广，喜栖息于河口咸淡水中下层（水深在50米范围内）波浪稳静、底质沙砾、海藻丛生的海域，亦可进入淡水生活。幼鱼期常群集，成鱼则分散，亲鱼于河口沿岸岩礁间产卵，体长1.5厘米以下的鱼苗在近海表面浮游。生长到2～4厘米时接近沿岸或河口，到5厘米时则开始溯河。2龄以下的鱼常群游于淡水水域，成熟鱼则多栖息于半咸淡水中。

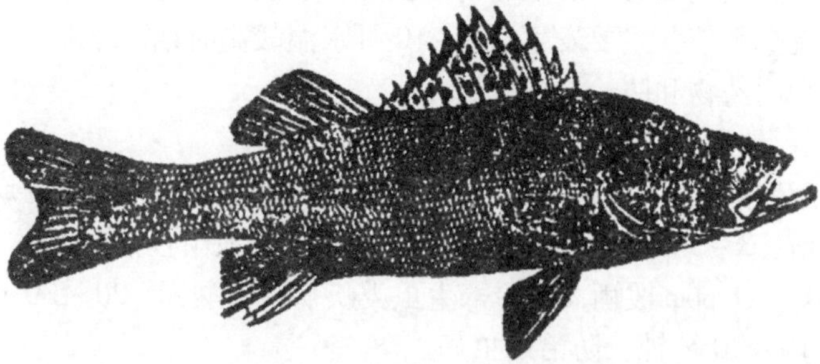

图12　鲈鱼

2. 食性

鲈鱼为凶猛的肉食性鱼类，贪食，食量很大，一次摄食量可达体重的5%～12%。体长2～3厘米大小的鲈鱼苗以捕食桡足类和糠虾为主；3～6厘米的鱼苗以捕食糠虾、幼蟹、白虾、对虾苗为主；1龄以后鲈鱼捕食小鱼虾。捕食强度随季节而异，春夏季捕食强烈。人工养殖条件下，能掠食适口的冰鲜下杂鱼块。

3. 生长

鲈鱼在天然水域中生长很快，1龄鱼体长可达20.6厘米，2龄鱼34.4厘米，3龄鱼45.2厘米，4龄鱼54.7厘米，5龄鱼63.0厘米，6龄鱼80.3厘米。最大的个体体长达1米、体重15～20公斤。

4. 繁殖习性

鲈鱼雄鱼约2龄开始性成熟，雌鱼3龄开始性成熟。每年产卵一次，产卵期为10月至翌年1月。一般在沿岸礁间产卵。产卵水温14～24℃，海水盐度18.00～25.00，体长60厘米的雌亲鱼怀卵量约20万粒。浮性卵，呈橘红色，半透明，卵径1.35～1.44毫米，有1个油球，在水温15℃时，受精卵经4天孵化出鱼苗。

二、鲈鱼的种苗生产

鲈鱼养殖所需的苗源，主要依靠捕捞海区的天然鱼苗。人工繁殖技术尚未完全突破，目前年生产量不多。

1. 天然鱼苗出产于沿海和河口地区，我国鲈鱼种苗产区以山东青岛、福建闽南、台湾省西南部以及广西沿海较多。每年2～3月，常能捕到大批长2～3厘米的鲈鱼鱼苗。沿海和河口咸淡水鱼塘，可以采用天然纳苗的方法解决鱼苗，让鲈鱼苗随水流进鱼塘中，江河捕捞的小鲈鱼也可用作养殖的鱼种。

2. 鱼苗淡水驯化

从沿海和河口地区捕到的鲈鱼苗，体长1.5厘米左右，不容易立即适应淡水，在放养前应进行淡水驯化。首先要了解鱼苗采集地点的海水盐度，分3～4次将海水冲淡，从盐度12.00～24.00逐渐降低到5.00以下，使鱼苗能逐渐适应淡水生活。与此同时，从投喂活饵（丰年虫）逐渐过渡到投喂鱼糜。

三、鲈鱼的养殖

1. 场地的选择和养殖池的设计

养殖鲈鱼的场地宜选择排灌水及交通方便、水源充沛的地方。底质为壤土或黏土。养殖用水质要求：pH7～8，透明度30厘米以上，无重金属和农药污染。养殖池必须具备完整的潮灌或机动提水设施，排灌分家，使精养池的日最大换水量能达到30%以上。养殖池面积以10～20亩为宜，池塘长宽比为3∶1或2∶1，水深1.5～2米，10亩左右的精养池设置两座相向或对角排灌闸，闸门宽0.8～1米。20亩左右的精养池的闸门宽1.5～1.8米（分两座）。闸门的拦鱼栅早期用20目尼龙纱网，中后期改用8目尼龙纱网或结节的聚氯乙烯网。

养殖池于冬季应进行干塘暴晒，不让池中生有水草、水绵等，因其生长极快，短时间内即会遍布全池，不但阻碍池水的流通交换，且在夜间由于呼吸作用大量消耗氧气，使鱼缺氧死亡。因此，使用前必须进行严格清塘和清野。常用的清塘药物是生石灰和茶粕。

2. 鱼苗的中间培育

鱼苗经过中间培育，不但可以淘汰体弱带病个体，而且，经过中间培育后个体进行养殖，成活率高，分池养成易掌握数量，有利于养殖管理。

清池　鱼苗下池前先将池子清淤去污，然后纳入适量海水，施加20 ppm漂白粉消毒至少24小时。

肥水　处理好的水池纳入新鲜自然海水，然后施人3～5 ppm复合肥料肥水，进行培育浮游生物。肥水好坏可以水色为参考，茶黄色或黄绿色都可视为正常色。施肥过多的池水色深浓，池水氨氮含量高，对鱼苗生长和成活均不利。

放养密度　体长2厘米以下鱼苗的中间培育放养密度为500～800尾/米^2；体长2～3厘米，为200～300尾/米^2；体长3～4厘米，为100～200尾/米^2。装配有充气设施和换水量圈的较大水泥池，放养密度可以适当加大。

饵料　池水经过肥育，自身已有部分饵料生物，但不能满足高密度鱼苗的生长需要，需要人工投喂部分饵料，如冷冻糠虾以及杂鱼肉糜。每天投喂 3～5 次，日投喂量按体重的 20%～50% 作为参考依据。鲈鱼苗寻找食物以视觉为主，所以在投饵时应尽量引起鱼群注意，如仅将饵料轻放水面而静静下沉，鱼苗通常是不会发现而摄食的。

鲈鱼体长达 5 厘米以后可以开始在养成池的网箱或围网内培育，一个月左右可长至体长 8～10 厘米，具体方法如下：

（1）网箱中间培育

鲈鱼苗中间培育的网箱，一般用尼龙纱网或聚氯乙烯结节网，网箱的规格是 4×4×1.5 米，孔径 0.8～1 厘米。先在养成池靠排水口处的邻边搭一投饵桥，伸向对边，于小桥的两旁布网箱，每箱放养密度为体长 5 厘米鱼苗 2 000 尾，每隔 10 天清理网箱并调整规格一次，随鱼苗长大，放养密度逐渐减少。鱼糜的日投喂量从体重的 30% 逐渐减少为 10%，每天投喂 3 次。用这样一种方法，可在 15～25 天内把鱼苗标粗成体长 7～8 厘米，成活率 80%～90%。

（2）围网中间培育

围网一般采用 10～12 目的尼龙或聚氯乙烯网片做成，网片长 40～50 米，高 1.8～2 米，每距离 1.5～2 米用竹子垂直插入池塘塘底，固定成长方形围网，要把网片的下纲踩进泥里，以防围网内的鱼苗从底部逃逸，接着，从岸边搭一投饵桥进入围网内以便投饵。放养密度为 100～120 尾/米^2。日投饵量和投饵次数与网箱培育同。用这一方法可以在 30～35 天内把鱼苗标粗成体长 10～12厘米，成活率 80%～90%。

中间培育的过程也可以采用先网箱后围网的方法，目的都是务求在短期内迅速把 5 厘米规格的鱼苗培育成 10 厘米以上的粗规格鱼种。

3．鱼种养成

我省一年四季均能进行鲈鱼养殖。放养密度要视养殖周期的长短、水源和添换水能力、饲料的来源和质量以及起捕规格等而定。鱼种养成有单养和混养两种方式：

单养　每亩水面可放养体长 9～10 厘米的鱼种 400～500 尾，经过 150～240 天的养殖，鲈鱼个体可达 750～1 000 克，成活率为90%左右。

混养　为了充分利用水体和清除沉积于池底的残饵，可在鲈鱼养殖池中混养隔年黄鳍鲷，每亩放养密度为：鲈鱼（10厘米）400～800尾，黄鳍鲷（10～12）300～400尾。也可利用鲈鱼掠食的特性来控制淡水池中的杂鱼和罗非鱼大量繁殖的过剩鱼苗。在混养生产中应注意，所放的鱼苗必须是大于鲈鱼的越冬鱼苗，如为当年繁殖的新苗，则不可以放养鲈鱼，以免被鲈鱼吞食。

4. 饵料

低值冷冻杂鱼虾是池塘养殖鲈鱼的良好饲料，如果在养殖中能够配以鲜活饵料投喂，效果会更好。饵料日投量可按鱼体重的4～10%作为参考依据。由于饲料消化较慢，故提倡少量多餐，力求饲料块在漂浮的瞬间被鲈鱼所掠食。若鱼群停止上水面争食，应停止投喂。目前已开始采用人工配合饵料与冷冻杂鱼混合投喂，效果与单独喂下杂鱼相同。人工配合饵料的主要成分为：鱼粉（40%）、鳗鱼粉（10%）、黄豆粉（10%）、酵母粉（20%），现调现投喂；也有用80%鱼浆加20%鳗鱼粉做成黏饵来喂鱼。

5. 日常管理

鲈鱼养殖的日常管理除了定时、定位、定质及定量投喂饵料外，要进行水质调控，重点是添换水。由于每天的投饲，残饵及代谢产物的淤积是不可避免的。因此，更换新鲜水十分必要。可利用潮汐排注水，退潮时先将旧水排出，涨潮时纳水。在养殖后期，每天换水量务求达到30%～50%，以确保水中的溶氧量在5毫克/升以上。在整个养殖期间，由于鱼体本身的争食能力之差异以及投饵不均匀等原因，经常引起个体大小相差甚大，因此，需要定期牵捕以调整池中鱼的规格，以防大鱼吞食小鱼，确保养成率和出塘率。拉网时操作要小心，切忌在天气炎热或过于寒冷的恶劣天气下进行。每拉网一次，鲈鱼要停喂1～2天。

四、鲈鱼的病害防治

1. 烂鳃病　此病易暴发流行，死亡率高。主要症状为：鱼体色发黑，尤以头部为甚，游动缓慢，对外界刺激反应迟钝，呼吸困难，食欲减退，鳃部粘液增多，鳃丝肿胀，末端糜烂，体消瘦，离群，最后致死。治疗：每 100 公斤鱼每天用复方新诺明 6 ~ 8克，氯霉素 4 ~ 6 克混合拌饵投喂，连喂 3 ~ 5 天。

2. 鱼虱病　鱼虱寄生于鱼的鳃部、皮肤和鳍条，使鳃丝上皮增生、变形，炎性水肿，体表损伤，引起继发性细菌感染而死亡。防治：全池均匀泼洒晶体敌百虫 0.2 ~ 0.3 ppm。

3. 车轮虫、斜管虫及聚缩虫病该病　多发生在中间培育阶段鱼的体表和鳃丝，症状为鱼体消瘦，体色变黑，口端腐烂，一年四季均有发病，预防上多采用大量换水的方法，改良水质，治疗上可用 0.7 ~ 1 ppm 硫酸铜及硫酸亚铁合剂（5∶2）全池均匀泼洒，或用 20 ~ 25 ppm 福尔马林全池泼洒。

4. 赤皮病和溃疡病　病鱼鳍基部充血，红肿，脱鳞，表皮腐烂，肌肉外露。此病多发生于夏秋高温季节。预防上可采用大量更换池水的方法；定期施放生石灰 35 ~ 40 ppm，冬季干塘暴晒池底。治疗上可用含氯量为 27% 的漂白粉全池均匀泼洒成 1 ppm 浓度；口服呋磺合剂，每 100 公斤鱼糜拌药 300 克；肌肉注射青霉素，每公斤体重 3 000 国际单位。

5. 肠炎病　病鱼食欲低下，肛门红肿，腹部膨胀，轻压有黄色粘液从肛门流出，全年均可发生。预防上要杜绝投喂变质的下杂鱼。治疗：按每 100 公斤鱼糜拌入 300 克呋磺合剂，连续投喂 3 ~ 5 天。

第六章　虾蟹养殖

第一节　斑节对虾养殖

虾蟹养殖在我国南方沿海有着悠久的养殖历史，这不仅是因为虾蟹肉质鲜美细嫩，营养丰富，具有很高的食用和药用价值，而且由于虾蟹生长快，养殖周期短，从苗开始养到商品规格，仅要 120 天左右，一年可养殖 2 ~ 3 造，产量与经济效益均很高。其中斑节对虾养殖在南北沿海均显示出广阔的养殖前景，是南方最主要的养殖品种。南美白对虾于1988年引进，近几年养殖面积迅速扩大，因其生长快、个体大、味道好而引起人们的普遍兴趣。锯缘青蟹已有近百年的养殖历史，经济价值不菲。

一、外部形态

斑节对虾属于节肢动物门，有鳃亚门，甲壳纲，软甲亚纲，十足目，对虾总科，对虾科，对虾属。

斑节对虾 Penaeus monodon：是对虾属中个体最大的一种。主要分布在我国台湾、海南、广东、广西沿海，俗称草虾、黑虎虾。广盐性种类，可忍耐较长时间的干露。易活虾运输销售，能适应高温。斑节对虾主要特征是头胸甲中央沟窄而浅，第一触角鞭稍长于柄部，约为头胸甲长的2/3。第5对步足无外肢。体色由暗绿、深棕和浅黄横斑相间排列，构成腹部鲜艳的斑纹。腹部游泳足呈浅蓝色。

二、生活习性

1. 水温　斑节对虾最适温度范围是25～33 ℃，水温18 ℃以下摄食减少，活力大减。水温超过38 ℃或低于12 ℃时便会引起死亡。在水温高的季节，斑节对虾约6～8天蜕一次壳，水温低时15天以上才蜕一次壳。

2. 盐度　斑节对虾为广盐性种类，在5‰～43‰的海水中均可生存，但无法忍受盐度的急剧变化。在突变的盐度环境里，虾蟹血液中的渗透压失去平衡，死亡率高。对斑节对虾而言，如果有4个月的养成期，比较理想的是第1、4月盐度20‰左右，第2～3月份12‰～15‰。

3. 酸碱度（pH值）　斑节对虾苗期pH值最好在7.8～8.6，养成期可适应pH7.0～9.0。在养殖中后期应特别注意调控pH值，不宜过高，否则会增加氨氮的浓度，对生长不利。

4. 溶解氧　正常状况下，水中溶解氧必须高于3 mg/L，苗期和幼体要求更充足。一般认为，幼体阶段的耐氧限度为4 mg/L左右。

5. 透明度　虾蟹等水生甲壳类有昼伏夜出的习性，夜晚活动，而白天隐蔽起来，因而它们需要生活在一定透明度的水中。

若透明度过小可换水、加水或投放沸石粉等；若透明度过大，可追肥或使用茶麸等。

6. 底质 养殖池的底质是养殖动物的重要环境。由于虾蟹大多有日落而出、日出而潜的习性，作为打洞或潜伏藏身的底质应是以泥沙底质为宜，沙的颗粒大小一般在250微米内最佳，约占底质比例的60%。

三、种苗的生产。

1. 亲虾的选择

（1）雌虾：体长在20 cm以上者，头部愈宽、生殖交接器宽大且呈圆形者为佳；甲壳完好无损，没有病菌感染，体色呈浅绿色和淡红色；鳃部完好无病症。附肢完整；贮精囊内有精荚；成熟亲虾的生殖腺，粗壮硕长，颜色呈黄绿或更深。

（2）雄虾：身体健壮无病症，附肢完整，个体较大；第五步足之精荚饱满；精荚颜色呈白浊状。

2. 亲虾的暂养

（1）将选择之亲虾放入亲虾池，用2 ppm呋喃类药物(Furazolidone)消毒。

（2）每日3次投喂洗净之牡蛎（Oyster）或文蛤（Calm）等优质饵料。

（3）暂养一天或两天后，施行单边眼柄切除术，然后放入亲虾池，遮光暂养，水温保持在28 ℃以上，盐度保持在33‰左右。

（4）约3～5天后检查亲虾，将成熟良好之抱卵雌虾移入产卵池。

3. 人工诱导催产

（1）眼柄切除手术

A. 挤压法 用湿毛巾包住雌虾，露出眼柄，用刀片将眼膜割破，然后用手轻轻挤压虾眼，直至把全部内含物挤出为止。动作要求轻快敏捷。

B. 切除法 从眼柄基部将整个眼柄切除即可。

C. 镊烫法 将烧红的镊子夹住眼柄基部，烫穿眼柄。此法效果最好。

D. 结扎法 即用线捆住眼柄，但不常用。

（2）光照调节

手术后将亲虾放回亲虾池，在池上罩上黑布或遮住门窗，减弱室内光照强度至 40～70Lx。还可调节控制白天（L）和黑夜（D）的时间比例以改变光照周期。

（3）人工移植精荚

人工摘取精荚的方法有挤压法、解剖摘取法、夹取法、电击法、虹吸法等。将摘取的精荚或输精管小段放入雌虾的纳精囊中，移植时间最好在雌虾刚脱皮不久、壳尚未硬化之前，将镊子插入纳精囊中稍稍放开，张开一条缝，随即放入精荚，取出镊子即完成了移植手术。

4．产卵孵化

将成熟良好之抱卵雌虾放入产卵池，约每吨水放一尾，盐度 30‰～35‰，温度 28～30 ℃，微量充气。天亮后捞出雌虾，放回亲虾池继续培养。2～3 天后可再次产卵。

受精卵在 30 ℃下约经 13 小时孵化为无节幼体（Natuplius），任其浮游一段时间，于当晚收集起来移入培育水槽并计数。

5．幼体的饲养管理

（1）幼体（Nauplius）入池

幼体入池指把无节幼体从产卵池移入培育水池。无节幼体共有六期，浮游习性，不摄食，以卵黄为生。趋光性强。本阶段约 48 小时，若水温在 30 ℃以上只需 36 小时左右。

幼体入池先做好“绿水”，即培养一定量的硅藻。幼体密度以每吨水 10 万尾左右为宜。入池时温差不能超过 1 ℃。

（2）蚤状幼体培育

蚤状幼体共有 3 期，开口摄食，该期变化甚多。惧强光，摄食后排出的粪便一时附着在尾部而不断落，俗称拖便期。约需三天半时间。本期幼虫以硅藻（Skeletonema）为主要饵料，以人工配合饵料为辅。投饵以少量多次为原则。一般以每三小时一次为宜，白天投硅藻，夜间投人工饵料，颗粒大小要合适。硅藻投喂量以每吨水投 2 升浓缩硅藻液为宜。

投饵是否充分可根据拖便情况来判断。如果拖的便颜色半透明而细小或未拖便，表明水质已变坏或投饵不足。摄食好时，拖便甚长，曲曲卷卷。所以应勤于观察，随时处理出现的问题。此期死亡率很高，是成败的关键期。

（3）糠虾期（Mysis）幼体的培育

本期幼体亦分三个阶段，喜动物性饵料。第一期仍投以硅藻，间投以人工饵料或投喂轮虫、枝角类等天然饵料。硅藻仍以每1吨水投喂2升浓缩液为宜。第二期除投上述饵料外，可喂少许丰年虫幼虫（Artemia nauplii）及其他天然饵料。第三期则以丰年虫幼虫为主，以人工饲料为辅。

（4）仔虾（Post larvae）的培育

此期幼虫外形与成虾相似，依每成长日数定为P1、P2、P3……等，到P4左右即喜欢附壁或栖底，俗称“沾壁”。此期游泳行为正常，到P5～P6时，背部呈青绿色，称“吉筋仔”，P10～P12时背部呈红色，叫“红筋仔”。到P20以上通体呈黑色，俗称“黑壳仔”虾苗。

该期幼虫以丰年虫幼虫为主要饵料，以人工饵料为辅。丰年虫日投喂量以200克/10万尾为宜。为了降低成本也可用虾浆、蛤浆等为主要饵料，以丰年虫及人工饵料为辅。

当饲养到P10～P13时可移出室外大池培养。国内虾农购买的虾苗即为此时的虾苗。在台湾则继续培育到P20再出售。

6. 水质管理

（1）定期测定pH值、NH_3—N、NO_2—N和水温，育苗池水正常pH值为8.0左右。NH_3—N浓度不超过10 ppm，NO_2—N浓度不超过0.2 ppm。

（2）从糠虾期开始每日换水1/3左右，随着发育进展逐渐加大换水量。换水速度不能太快，以免虾苗集中在换水网上而受伤。

必要时可行吸底，清除池底污物或进行换池处理。

（3）用药物对水质进行消毒或使用水质改良剂。水质管理的关键在一个“勤”字，要做到勤观察、勤监测、勤记录，及时发现问题及时处理，不留隐患。还要做到定期消毒以预防疾病的发生。

7. 疾病的防治

疾病防治要做到以防为主，常见的几种疾病的防治方法：

（1）白浊肝病（White—turbid liver disease）

感染此病后外观症状不明显，只是虾苗不活泼，游泳能力差。显微镜下可见部分肌肉呈乳白色或有黑色素堆积。

防治：红霉素（Erythromyciu）1.5 ppm；四环素（Achromycin）1.0 ppm；氯霉素（Chloramphenicol）2～5 ppm；呋喃唑酮（Furazolidone）1～2 ppm。

（2）真菌性疾病（Fungus disease）

真菌附于虾苗上形成孢囊，菌丝在体内外大量生长，危害虾苗健康。

防治：用孔雀石绿（Malachite green Oxylate）0.01 ppm来控制该病。

（3）纤毛状细菌性疾病

在体表、脚部、尾部的刚毛周围，常发生纤毛状物堆积，鳃部及鳃肢亦有。

防治：呋喃唑酮1～2 ppm；氯霉素2～5 ppm。

（4）原生虫病

病症同纤毛状细菌性病。

防治：福尔马林（Formalin）20 ppm；硫酸喹啉（Quininesulphate）5 ppm；甲基兰（Methylate blue）3 ppm。

四、成虾养殖

1. 虾池　虾池通常以长方形为宜，长宽比为3～6∶1。养殖池宜东西长、南北短，可以延长日照时间。面积5亩左右，水深1.5米以上。

2. 清池　清池主要有清淤、晒池、池底改良、池塘消毒等。清淤指对虾收获后，排干池水，让海水反复冲洗，或用吸泥泵排泥，清除有机物等淤泥。晒池的目的在于还原池底，是影响斑节对虾养殖丰欠的重要措施，时间15～30天不等，冬闲可晒池45～60天。池底改良一般指酸性池底的改良，适当加入石灰拌入底泥，效果较佳。用量如表4。池塘消毒对预防养殖虾类的各类生物性病原引起的疾病尤为重要。清池常用药物及用量见表5。

此外在进水口应设严密的滤水网。

表4　池土 pH 与石灰用量的关系

pH 值	石灰用量（吨/公顷）		
	砂土	壤土	粘土
3.0~4.0	0.5~1.0	1.0~1.5	1.5~2.0
4.0~5.0	0.3~0.5	0.5~1.0	1.0~1.5
5.0~6.0	0.2~0.3	0.3~0.5	0.5~1.0

注：石灰撒入池底土壤时，池土必须是湿润的，石灰才会迅速地溶入土壤中，以调节池土的 pH 值。

表5　常用清池药物的用量及使用方法

药物名称	有效成分及其含量	使用浓度（ppm）	使用方法	主要杀伤种类	药效消失时间	备注
茶（籽）饼	皂角甙 10%~15%	15~30（10~20）	敲碎后用水浸泡24小时后稀释泼洒	鱼类	2~3天	价廉，残渣可作肥料，有毒
鱼藤精乳剂	鱼藤酮 5%~7.5%	2~3（0.5~1）	用淡水混合搅匀后泼洒	鱼类	2~3天	使用方便，对于可作饵料的贝类、多毛类、甲壳类的毒性小
鱼藤根粉	鱼藤酮 4%~5%	4~5	浸泡泼洒	鱼类	2~3天	使用方便，对于可作饵料的贝类、多毛类、甲壳类的毒性小
生石灰	生成 $CaC(OH)_2$	375~500	干撒或水中化开，泼洒全池	鱼、虾、蟹、贝、藻类、细菌	10天	可调节 pH 值，改善透气性，提高生产力

续表

药物名称	有效成分及其含量	使用浓度(ppm)	使用方法	主要杀伤种类	药效消失时间	备注
漂白粉	有效氯约30%	30~50	先加少量水调成糊状，再加水泼洒	鱼、虾、蟹、贝、藻类、细菌	1天	避免使用金属工具，戴口罩
氨水	农用含氨量15%~17%	250	稀释泼洒	鱼、虾、蟹、及其他动物	2天	可起肥水作用
五氯酚钠		2~4(0.5)	溶于水泼洒	水草、鱼、虾类和螺类	数小时	
巴豆	含巴豆素	15	磨成粉，浸泡，密封1~2天用	鱼类	10天	

注：括号内数字是放养虾后杀鱼留虾的用量。

3. 饵料生物的培养清池后，通过施尿素5~10公斤/亩，磷肥0.5~1.0公斤/亩，以促进池中绿藻和硅藻的繁殖。每隔5~7天应再追肥一次。如透明度过大，可稍加大施肥量，反之，则要减少用量或及时换水以降低藻类的浓度。

4. 有益微生物　有益微生物可以调节水体的微生态环境，分解底质沉积过多的腐殖质，消耗水中过剩的营养物质，拮抗病原微生物的生长和繁殖，是现时健康养虾模式重要的一环。有益微生物有光合细菌、硝化细菌、芽孢杆菌等微生物制剂，使用时要注意适时补充菌种，使有益微生物始终呈优势状况而抑制病菌的生长，使虾生活得更健壮，对病毒病的抗性也大大提高，一举数得。

5. 虾苗　一定要选择健壮的虾苗。健壮的虾苗大小不一，体表洁净，活动力强，附肢完整。另外，由于近年来斑节对虾白斑杆状病毒造成许多养殖场血本无归，所以买苗前可以取少量虾苗检测有无携带病毒，这对以后的养殖大有好处。不要选用高温苗。

6. 放苗环境条件　放苗时养成池的盐度、水温、pH 值要与育苗场的尽量一致。斑节对虾红筋虾苗（体长 1.2 厘米以下）适宜盐度为 27‰～31‰。黑壳虾苗（体长 1.3 厘米以上）为 22‰～25‰；水温最好在 25 ℃以上，温差不超过 3 ℃±；pH 值应为 8.0～8.5；放苗时池水要达 1 米以上；若水温较低或较高要保持较高的水位，这样水温较稳定。放苗时水要肥，透明度在 30～40厘米。

7. 放苗密度　主要与虾池条件即水深和换水条件以及虾池的面积有关。如果虾池面积小，水较深，水交换条件好，可以适当多放，否则要少放。再者虾苗的健康条件和出虾的规格也是放苗时考虑的因素之一。养殖设施较差者放养 1.5 万尾信以下，反之则在此之上。

8. 饵料投喂　正确掌握饵料的投喂量是关键。基本原则是宁少勿多，宁可少投十斤，不可多投一斤。一般投喂推荐用量的 60%～70% 即可。要做到 5 少 4 多 3 不投。5 少：阴雨天、水质差、脱皮、高温、幼苗期少投；4 多：虾密集处、水质好换水后、温度适宜、收虾前多投；3 不投：水质污染、饵料变质、残饵多底质坏时不投。总之，决定投饵量要勤观察、勤检查，根据具体情况灵活掌握，坚持勤投少喂，适当增减。

9. 水质控制　水质控制的关键是保持水质因子的稳定，包括盐度、pH 值、温度、溶解氧、氨态氮等。斑节对虾对养殖的水质要求如表 6、表 7。保持良好的水质要从以下几个方面入手。

（1）根据虾池条件允许的范围，放入适宜密度的虾苗。

（2）合理、科学地投饵，准确控制投饵量，定时、定位、定质、定量投喂。

（3）保持良好的水色，控制水体透明度在养殖前期为 30～40 厘米，后期为 40～60 厘米。通过施肥或用药控制水体浮游生物量，并施用有益微生物调节水质。

（4）增氧，是养虾过程中必不可少的措施之一，可以增加水体的溶解氧含量，同时可使底层的有机物质得到一定程度的氧化，减少底层污染。每天后半夜至日出前开机增氧以防止缺氧，下午 3～4 时开机可提高整个水体氧含量。

（5）科学换水，换水之前先对池内外的海水盐度、温度、pH值等水质因子进行测定，如果相差不大可换水，否则需进行蓄水处理，尽量使内外水质因子保持稳定。

表6 斑节对虾养殖池水水质最适范围

项目	最适	不良
pH值	8～9	7.5以下或9.5以上
溶解氧	7～10 ppm	3 ppm以下或12 ppm以上
盐度	15‰～25‰	10‰以下或35‰，以上
非离子态氨（NH_3-N）	0.1～0.5 ppm	1 ppm以上
磷酸盐（PO_4^-）	0.2～0.4 ppm	1 ppm以上
硫化氢	0～0.2 ppm	1 ppm以上
亚硝酸盐污染物	0.1～0.5 ppm	1 ppm以上

表7 斑节对虾对有关污染物质的安全浓度

污染物	安全浓度	污染物	安全浓度
重金属		亚素灵	0.01ppb
汞	0.0025 ppm	安杀蕃	0.01ppb
铜	0.1 ppm	巴拉划	0.01ppb
镉	0.15 ppm	杀丹	0.033ppb
锌	0.25 ppm	丁基拉草	1.0ppb
农药		其他	
马拉松	0.0004ppb	pH值	8左右
巴拉松	0.001ppb	硫化氢	0.033 ppm
鱼藤精	0.008ppb	氮	0.1 ppm

10. 巡池检查　养殖管理中要做到“四勤”。①勤观察：即清晨傍晚、阵雨前后、投饵前后要观察水色、水质、对虾活动情况、数量变化、有无疾病或异常现象，以便及时采取措施。②勤清除：清除杂鱼杂虾、残饵、污泥、杂草及有害藻类。③勤检查：检查饵料质量、虾摄食情况、虾生长速度、闸门闸网、堤坝安全等情况。④勤记录：要定时测量记录和做好池塘日记。

五、疾病防治

生物性疾病

（一）病毒性疾病

目前已知对虾病毒达18种，斑节对虾和南美白对虾对多种病毒敏感，其中危害斑节对虾最严重的是白斑综合症杆状病毒复合体（WSSV）和塔拉病毒（TSV）。

1. WSSV是四个病毒株的复合体，急性感染引起虾摄食量骤减，头胸甲与腹节被揭开而不粘着真皮，甲壳上可见十分明显的直径为0.5～2 mm的白斑。许多濒死虾显示出通体淡红色到棕红色。WSSV毒力较强，症状出现3～10天内累积死亡率达100%。

2. 国外报道一种塔拉综合症病毒（TSV）对南美白对虾仔虾和幼虾损害严重。濒死虾全身淡棕红，尾扇和后足明显变红（红尾病），一般死亡严重。

此外，尚有对虾杆状病毒（BP）、肝胰腺细小病毒（HPV）、传染性皮下及造血组织坏死病毒（IHHNV）、类呼肠孤病毒（REO）等对两种对虾都有感染力。

防治措施：

对病毒病的防治研究进展一直不大，尚未有特效药物，只能采取以防为主，截断可能的传播方式和途径。

（二）细菌性疾病

1. 黑斑病　是甲壳动物普遍存在的一种疾病。早期症状是出现小褐点，甲壳销蚀，继而凹陷成小窟窿。随病症的加重，损伤加深加大，窟窿边缘呈灰白色，周围有一圈血线。表壳患部因黑色素沉着而变褐变黑。严重感染者损伤穿透甲壳进入软组织，病灶部分粘连，影响蜕壳和生长。若是感染上毒力强的致病细菌，病原体侵入血淋巴或组织，可使病情加剧而死亡。致病细菌可通过水环境传染疾病，也可以通过病虾蟹与健康虾蟹之间的接触而传染。对幼体和成体都有影响。

防治措施：

（1）加强养殖管理，投喂营养较全面的全价配合饲料，定期使用药物预防，避免机械损伤。在运输途中或移池换塘时，可用100 ppm的福尔马林浸泡1分钟，以免给细菌以可乘之机。

（2）对黑斑病发生亦可采用药物治疗。方法是用20～75 ppm甲醛与0.05～0.1 ppm孔雀石绿的混合药液浸浴1小时，同时用含0.05%～0.1%的土霉素饲料投喂14天，可治愈黑斑病。

（3）幼虾发生黑斑病时，可用20 ppm雀绿液，每隔一天浸浴8分钟，进行治疗。

（4）亦可用2 ppm的四环素作全池药浴，连用2天，然后换水排水。对虾经一次蜕皮而黑斑消失。

2. 败血症　是细菌侵入虾蟹的血液淋巴系统，引起原发或继发的急性与慢性的甲壳动物疾病。对虾以躯体和附肢变红为特征，尤以游泳足的内外边缘最为明显。肌肉变白，头胸甲心区附近由透明青色变成白色或浅橘红色；鳃部变黑或变黄，头胸甲和腹部的甲壳浅黄色，鳃区的外膜变黄。在青蟹的表现是活力减弱，沉伏不动或者活动反常，将死的个体变得萎软，痉挛强直。

防治措施：

（1）该病发生在苗种培育池中时，可用1 ppm呋喃唑酮或呋喃西林浸浴。

（2）对养殖池的幼虾或成虾防治，全池遍洒漂白粉，使池水成1 ppm的浓度；同时在饲料中加入0.05%～0.1%氯霉素或0.1%～0.2%土霉素，连续投喂7～14天。

（3）在操作和运输时，应注意不损害虾蟹的甲壳和附肢，运输后要用100 ppm的福尔马林浸泡1分钟。

3. 烂眼病　病虾蟹行动迟缓，匍匐于水草上、池边水底，时而浮起在水面旋转翻腾。眼球受损、肿胀，角膜的颜色由黑变棕褐色，而后形成白翳及至溃烂、脱落。病菌由眼球侵入血淋巴，形成败血症而死亡。该病的发生与环境条件密切相关，由于养殖密度过高，或投饲不当引起水质恶化，或温度、盐度等环境条件大幅度改变，或机体受伤、有寄生虫附着、蜕壳等降低了虾蟹的抵抗力，而诱发此病。

防治措施：

（1）预防此病的主要措施是提高养殖管理水平，改善水质条件，定量投喂新鲜适口饵料。

（2）治疗方法参照败血症。

4. 对虾白斑病　对虾白斑病有病毒性、细菌性、病毒细菌联合感染等病因。细菌性白斑病主要病原为弧菌。受感染的虾不活跃，单独浮于水面或在池边缓慢游动，反应迟钝，有的则静伏浅水区池底。随着病情的发展，触角区、肝脊、部分鳃区和两侧腹部每节甲壳后下缘游离侧叶上，出现1～2个形状不规则的白色斑块，多数是腹部第一节具两个白斑，其余个节各一个，排成一列。该病流行于6～9月高温期的福建、山东等养虾区，感染率和死亡率高达90%以上。

防治措施：参照败血症。

5. 对虾幼体荧光病　发病初期幼体活动能力下降，游于水的中下层，糠虾及仔虾弹跳无力，趋光性差，摄食减少，身体发白尤其是头胸部呈乳白色。夜晚在无光的情况下可明显看到濒死或死亡的幼体发出的荧光。荧光的亮度随发病的程度及幼体大小而不同，发病早期看不到荧光，当幼体处于濒死状态，即可见发微弱的荧光，幼体死亡之后荧光最强，可持续十多个小时，直到尸体分解后才看不到荧光。该病发病迅速，死亡率高，从幼体活动能力下降到死亡，水温30 ℃时仅数小时，24～25 ℃时需20小时左右。幼体发病在5～7月，海水中大量的有机物有利于病原菌繁殖，从而感染幼体引起发病。幼体密度大、附肢残缺、畸形体弱的容易发病。

防治措施：

（1）育苗池必须洗刷干净，再用100～200 ppm漂白粉或高锰酸钾彻底消毒，然后用经过沉淀、过滤的育苗用水将残留的药物反复冲洗干净。育苗用具要严格消毒。

（2）管理好育苗池水质。育苗用水最好经过沉淀和砂滤，有条件的用紫外线消毒，可去除水中绝大部分细菌和病毒；饲料要新鲜有营养，多投喂鲜活饲料，适量投喂，少投多餐；育苗全过程都投喂单胞藻，可以调节生态平衡，抑制细菌生长；依据虾苗生长情况适时换水。

（3）全池泼洒土霉素，使池水成2～2.5 ppm浓度，每天1次，连泼3天。或全池遍洒呋喃西林，成0.5～1 ppm浓度，每天1次，连洒2～3次。或用1～2 ppm氯霉素，连续使用3天。

6. 对虾幼体菌血症　患病幼体运动迟缓，趋光性减低，易沉于池底，在虾体表面或附肢上往往粘附许多污物、原生动物、单胞藻类等。对虾从无节幼体到仔虾阶段都可患此病，尤以蚤状幼体和糠虾幼体为甚，常呈急性型，几天内死亡率可高达90%以上。主要水质恶化，过度密养，亲虾及饲料上带菌，投饲过多等引起。

防治措施：参照荧光病。

7. 丝状细菌病　主要感染对虾的卵子和各期幼体以及青蟹的蚤状幼体和大眼幼体。受感染的幼体，活动能力减弱，沉于池底，久而死亡。此病是由发状白丝菌感染所致，其借助菌丝分泌的一种黏液状物质附着在虾蟹机体的鳃丝、附肢、刚毛和外壳，对组织没有产生任何损伤迹象，但细菌的缠绕可使虾蟹呼吸、摄食、运动和蜕皮受到影响。白丝菌生存在营养成分较高的水质中，当水中有机质含量多时，易发此病。

防治措施：

（1）养殖密度适宜，保持水质清新和较高的溶解氧（4～6毫克/升以上），对育苗用水要严格消毒。

（2）使用抗菌素，如用1～4 ppm的链霉素或10ppln的氯霉素、新霉素进行药浴，均有良好的控制发病的效果。也可用茶子饼15～20 ppm促使蜕壳（要结合大量换水），效果明显。

（3）使用0.2～0.6 ppm铜的复合物药浴4～6小时；或用1 ppm的氯化铜；或用高锰酸钾5～10 ppm浸泡1小时；或用福尔马林25 ppm药浴。对防治丝状细菌病有效。

（三）真菌性疾病

1. 链壶菌病　斑节对虾和南美白对虾的卵、无节幼体、蚤状幼体易受感染。发病的幼体活力差，趋光性弱，变态时间长，身体粘污严重，附肢刚毛卷曲。有的幼体表面附着大量的动孢子。无节幼体间歇运动停留时间长，卵黄松散，尾棘部分或全部脱落，体内菌丝不明显。蚤状幼体肠胃空，腹部弯曲，体色发白，体内尤其是头胸甲网状菌丝明显。该病原菌在体内繁殖速度快，从幼体活力减弱到幼体死亡一般只需8～10小时。

防治措施：

（1）通过池底吸污和撇苗，将死卵和活力弱的幼体及时分开。死卵和活力弱的卵可能是诱发该病的主要病因。

（2）加强育苗用水管理，入池海水需经过滤消毒后方可使用，同时加强育苗池和育苗用具的消毒。

（3）亲本消毒，防止产卵的母体带菌，可用 5 ppm 孔雀绿浸浴母体 10 分钟，再放入产卵池内。

（4）一旦发现养殖虾蟹被真菌感染，即可用孔雀绿 0.006 ~ 0.05 ppm 浸洒，或用氟乐灵 0.01 ppm 浸洒，可杀死链壶菌的动孢子。

2. 水霉病　是养殖生物普遍存在的疾病之一。水霉主要寄生在寄主伤口和腐烂的部分，或者寄生在失去生命活力的卵和幼体上。受水霉感染的卵和幼体体色明显发白，表面有一层白色绒毛，那是水霉的菌丝体。水霉寄生于卵和幼体，先是附着其表面，继而深入其组织并从组织获得所需营养，逐步消耗寄主内在物质，满足水霉生长和繁殖的需要，使机体局部以至整体细胞、组织变性、坏死。

防治措施：

（1）水霉真菌的孢子在水体中广泛存在，其危害小于链壶菌，主要是要加强水质管理和及时清除死卵。防治措施参照链壶菌病。

3. 镰孢菌病　该病对日本对虾造成的死亡率较高，对南美白对虾的发病死亡率较低，斑节对虾对镰孢菌有一定的抗性。南美白对虾感染后病变主要在眼球。从色泽症候来看，早期感染胃被色，继之为橙红色，然后变成黑色。在天然水体或养殖水体内，只有当镰孢菌分生孢子入侵鳃丝等防御机制较弱的部位并在体内大量繁殖时，才有可能出现致病症状。

防治措施：

感染镰孢菌病后，采用药物治疗比较困难，应以预防为主。在放养前用 6.3 ppm 孔雀绿清池，迅速杀死分生孢子，以绝后患。

4. 海壶菌病　海壶菌病原体是在寄主组织损伤处或组织结

构比较柔软的部位侵入的，原发部位黑色色素沉着严重，海壶菌感染会阻碍虾体蜕壳，在新壳和旧壳之间出现粘连，使虾常在脱壳中期死亡。在虾鳃上寄生的菌丝周围没有色素，但菌丝侵袭鳃组织，菌丝布满鳃丝，使鳃丝变性、坏死。一般在盐度较高的海水中较为常见。

防治措施：参照链壶菌病。

（四）寄生虫　寄生虫对虾蟹养殖造成的损害较小，一般只要养殖用水过滤、消毒的效果好，养殖前清池工作彻底完全，多可预防这类病害生物的侵袭。

1．微孢子虫病　由于病原种类较多，侵袭的部位亦各异，但受侵害的组织有相似的病理表现。从外部症状看，寄生部位呈现不透明的白色，由于色素沉着而显得暗褐；感染的生殖腺、肌肉萎缩，感染的鳃和血管被堵塞，影响虾蟹的蜕壳和生长，一旦环境变化，感染的个体就自然淘汰。

防治措施：

尚无有效的防治办法，必须加强预防。

（1）使用漂白粉每亩 8～10 公斤或生石灰每亩 150～100 公斤，带水清塘，彻底清除池内残存孢子。

（2）早期幼虾避免使用鱼做饵料，鱼可作为中间媒介，传染微孢子虫病。宜用人工饵料代替。

2．纤毛虫病　纤毛虫大多附着在虾蟹的体表、鳃和附肢上，用解剖镜或低倍显微镜可见。对虾蟹的危害除了加重体表负担外，当鳃上附着大量的纤毛虫时可覆盖鳃组织表面而阻碍鳃的呼吸和分泌功能，有的种类可使鳃组织变性和坏死，甚至失去鳃丝。其中钟形虫、单缩虫和吸管虫主要危害卵和幼体，单缩虫、聚缩虫、累枝虫、鞘居虫、瓶体虫、足吸管虫、枝吸管虫寄主为虾蟹成体。

防治措施：

（1）保持适宜的育苗密度、良好的育苗环境条件、适宜的水温、幼稚的饵料，多换水以促进幼体及时蜕皮是预防此病的最好的方法。

（2）可用福尔马林 25 ppm 浸浴；或戊二醛 5 ppm 浸浴 6～8

小时；或氯胺 T5 ppm 药浴；或双硫奎宁 5 ppm 药浴；或盐酸奎宁 0.6 ppm 药浴；或高锰酸钾 5 ~ 10 ppm 药浴 4 ~ 10 小时 (21 ℃)。

（3）投药后 24 小时要将池内陈水彻底更换，沉积于池底的聚缩虫残体也要虹吸排除。

3. 吸管虫病　虾蟹的卵、无节幼体以及成体的甲壳、鳃丝均会附着吸管虫，但体表外骨骼附着的虫体容易随蜕壳而消失。该病同纤毛虫病一样，虽然不会损害组织，但会威胁其生长和生存。

防治措施：参照纤毛虫病。

4. 蟹奴病　蟹奴的寄生可从色泽显示。寄生了蟹奴后，幼蟹变为褐红色，当蟹奴发育完全后则变为绿色，正常为橙红色。蟹奴的寄生，使蟹的神经和肌肉及生长系统的发育减缓，蜕壳停留在 C—4 阶段，由于蟹奴足丝根的生长，蟹性腺萎缩，激素分泌受影响，外部性征改变不明显，蜕壳中止。蟹奴对蟹类影响严重，并可使蟹的产量大幅下降。

防治措施：

（1）选种苗或检查蟹时，应将蟹奴及时清除。

（2）在蟹池内发现有蟹奴寄生时，用 0.7 ppm 的硫酸铜和硫酸亚铁合剂（比例为 5∶2）泼洒全池，防止蟹奴病蔓延。

（五）藻类　在养殖池和天然水域中，有些藻类能引起水生生物大量死亡。如硅藻、多甲藻、裸甲藻和一些丝状蓝绿藻的某些种类等，在它们生前或死后或垂死时，释放有毒的藻类毒素，使虾蟹中毒。中毒的虾可能会出现惊恐行为反复撞击池壁，使触角、额角及眼柄等部分重度损伤，当虾蜕壳或在养殖操作中易发生死亡。也可能是胃肠道的中肠、胃体前部及后肠受有毒藻类影响而几丁质层缺乏，黏膜上皮坏死和发生出血性炎症，引起因胃肠黏膜破坏的渗透失调，营养物质吸收欠佳，并且容易引发继发性细菌感染而导致败血症。

防治措施：

（1）保持水质的稳定，勿使池水的理化因子突然大幅度改变。

（2）维持一定的藻类浓度，避免水体透明度过低。当藻类浓度过大时，可用二氧化氯处理。

非生物因子致病

（一）物理因子

1. 尾棘弯曲症　该病为发生在对虾的无节幼体期和蚤状幼体期的病症，主要因胚胎期和无节幼体期孵化水温过高或过低而引起，与重金属锌中毒也有关。发生尾棘弯曲症的无节幼体，出现尾棘弯曲或萎缩现象，严重时附肢上刚毛弯曲。患病幼体蜕皮困难，游动缓慢，活动力差，终因不能蜕皮变态而死去。斑节对虾育苗水温低于 24 ℃或高于 30 ℃时，其无节幼体发生不同程度的尾棘弯曲症。

防治措施：

该病从预防入手，根据对虾不同发育阶段的不同温度需求，适时提高或降低水温，控制或减少尾棘弯曲症的发生。

2. 痉挛症　该病发生在对虾成体上，由于水温和气温的升高，特别是气温升高时，虾体离水后最易出现。虾体发生痉挛时，腹部肌肉收缩内弯，背部弓起，尾部弯向头胸甲腹面。该病症往往造成在最后收成时的严重损失。

防治措施：

加强管理，高温季节增加排换水量，提高池水水位。对虾收成时，要在温度较低、温差较小的早晚进行。

3. 肌肉坏死症　肌肉坏死又叫自发性肌坏死或肌肉变白。温度突变是主要原因，但也与盐度、操作中的机械损伤，过度挤压、缺氧等有关。外观上是腹部肌节局部出现变白不透明，偶尔发生步足和游泳足。严重时全身肌肉变白，并出现腹部膜段体节完全变红、溶解、腐败和脱落等坏死区。其发病率不高，但发病后死亡率较高。

防治措施：

在高温季节应勤换水，保持池水深 1.5 米以上，使水温、盐度较稳定。养殖密度要合适，保证氧气充足，水质新鲜。

4. 盐度失调症　盐度的高低及其突然变化超过虾蟹的忍受限度时，会发生盐度失调症。轻则生长缓慢，诱发各种生理和病理变化，重则生理失调，迅速死亡。养殖的海水虾蟹主要受暴雨或洪水的袭击而遭受低盐的威胁。在盐度过低的水中，机体呈现灰白色，活动力和免疫力大大降低，随之麻痹而死。青蟹的步足基节肌肉呈乳白色，严重者步足流出白色粘液，即白芒病；或步足基节和复节的肌肉呈红色，使其步足流出红色黏液（实际是卵巢腐烂的黏液），即红芒病；或青蟹的步足基节和复节的部位呈水肿状，即饱水病等。这些都是由于海水突然盐度变低，机体不适应而产生的。

防治措施：

（1）暴雨或洪水泛滥时，要及时排出上层淡水。

（2）调节池水的盐度，病患轻的能得到挽救。

5. 气泡病　一般发生在幼苗阶段，由于水中溶解气体含量过高，水温控制不当所致。在正常水温条件下，较高溶解氧含量有助于幼体呼吸。如果水温突然升高，部分高出的溶解氧及其他气体超饱和而逸出，致使幼体体表、鳃腔和肠道内发生圆形、椭圆形或长条形大小不等的气泡。此病多发在蚤状幼体阶段，患病的幼体常在水体表面挣扎，久之失去平衡，体色发白而死。

防治措施：

为了防止气泡病的发生，需注意调节育苗水温，使之较稳定。已患气泡病的幼体，则应及时降低水温，并暂停充气，可使消化道内的气泡逐渐变小而排出体外。

6. 缺氧症　缺氧主要发生在养殖池，缺氧会引起池中养殖的虾蟹发生浮头和泛塘。缺氧对所有水生动物的危害都相似，连续缺氧又不立即采取措施，后果是十分严重的。

防治措施：

（1）加强池间管理，保持池水水位，合理密养和混养。

（2）面积较大的池塘最好装配增氧设施。早晚测定池中溶解氧含量。当溶解氧低于 3 ppm、池水透明度小于 20 厘米、天气闷热、气压较低时，要马上增加排换水和开动增氧机，保证溶解氧在 4 ppm 以上。

（二）化学因子致病

化学因子致病包括氨氮、硫化氢以及水体的 pH 值等水化因子和石油、农药、重金属等外来污染。养殖虾蟹类对这类因子浓度的变化比较敏感，半数忍受浓度和安全浓度值很低，稍有忽视会导致大批死亡。

防治措施：

（1）水中的氨氮由残饵、粪便、死尸等分解产生。因此降低氨氮含量就要适量投饵，及时清污，定时检测，酌情排换水。也可在水体中加入硝化细菌，变废为宝。

（2）硫化氢主要来源于残饵的蛋白质分解。养殖过程中，如硫化氢含量增加，可在饲料台附近及残饵腐败堆上洒适量的生石灰，提高局部的 pH 值，中和硫化氢。

（3）pH 值影响虾蟹的生长速率，弱碱性的水体是生长的最佳水体。对于偏酸的池塘可用石灰加以调节，如偏碱则施入有机肥或其他酸性物质。

（4）石油和重金属的微量污染可用 2～5ppIn 的已二胺四已酸（EDTA）螯合之。农药尚无有效办法。

第二节　南美白对虾养殖

南美白对虾亦称为凡纳对虾，于 1988 年引进，近几年养殖面积迅速扩大，因其生长快、个体大、味道好而引起人们的普遍兴趣。

一、外部形态

南美白对虾属于节肢动物门，有鳃亚门，甲壳纲，软甲亚纲，十足目，对虾总科，对虾科，对虾属。

南美白对虾（Penaeus vannamei）主要在东太平洋分布，是世界养殖产量最高的三大优良虾种之一。外形酷似中国对虾，额角侧脊不超过头胸甲中部，无额胃脊，额角侧脊达胃上刺，额角背腹缘齿式通常为 9/2。正常体色为浅青灰色，甲壳薄，具有不易患病、生长快等特点。对温度及盐度适应范围甚广，对饲料蛋白需求量低，出肉率高，离水成活时间长，易于进行集约化养殖。

二、生活习性

1．水温　南美白对虾在水温 6～40 ℃均可存活，一般生长水温在 15～38 ℃，低于 15 ℃以下停止摄食，最适生长水温为22～35 ℃。

2．盐度　南美白对虾为广盐性种类，在 0.5%～35%的海水中均可生存，但无法忍受盐度的急剧变化。必须在高于 26‰的盐度里亲虾才能成熟、产卵、孵化和培苗。养殖期间盐度保持在3‰～15‰为佳。

3．食性与营养　南美白对虾食性杂，含蛋白质 20%～25%的饲料可满足其营养需要，比中国对虾、斑节对虾和日本对虾的蛋白质需要量都低，是一种生长快、换肉率好的品种。

4．个体大小与生长速度　自然海域可捕捞到 100 克/尾的成虾，养殖个体能达到 60～80 克/尾。在合理密度和饲料充足的条件下．水温 25～35 ℃时，0.8～1.0 厘米的幼苗长成 10 克/尾的商品规格约需 55～60 天。

三、成虾养殖

1．虾苗　南美白对虾人工育苗，在水温 29～30 ℃时，从幼体蜕变成虾苗需要 22～25 天，正常的虾苗体长一般为 0.8～1 厘米，活力好，体色呈半透明，可清楚地看到头背中肠道之黑点。

2．虾塘　每口 6～10 亩，水深 1.5 米，要求有一定的盐度，有较好的换水条件，以近海边、河口为好。虾塘在投苗前要做好清塘消毒和培养水质的准备，方法是干塘每亩施生石灰 50～80 公斤，再经滤网注水至 1 米，进水后用漂白粉或二氧化氯以及有益微生物控制水质。10 天后可适量的磷、钾肥或生物培养剂，以培养饵料生物，使池水呈黄绿色或黄褐色，透明度为 25～30 厘米。

3．放苗环境条件　放苗前先了解育苗场的水温、盐度和 pH 值，池塘养殖的盐度差应控制在 2‰～3‰以内，水温差控制在 2 ℃以内，防止因盐度差和温差过大引起抽胫死亡。

4．放苗　放苗通常在早上进行，以避开高温与强光。放苗密度视产品规格、养殖时间和养殖条件而定，以养殖期为 70 天，养成规格 45～50 尾/市斤的商品虾计算，一般设有增氧机和换水条件好的精养池塘每亩放苗 3 万尾；而粗放养殖池塘每亩投放 1 万尾。如采用标粗苗分塘养成，可适当减少投放数量。放苗前将虾苗用 20 ppm 甲醛水溶液消毒 25 分钟。

5 水质调节　将池水盐度控制在 26‰～33‰，通过施肥使池水肥而爽。南美白对虾的最适生长温度范围 25～35 ℃，由控制水位来调节水温。饲养前期日添水 3～5 厘米，2 个月后加至 1.5 米；饲养中期每周换水 30～40 厘米，并施生石灰 15～20 公斤/亩，以杀菌、增钙及调节池水 pH 值，促进对虾蜕皮生长；饲养后期周换水量达 50～60 厘米。高温期是南美白对虾生长的高峰期，但也是易发生缺氧浮头而死亡之危险期，应在每日凌晨 2～4 时和中午开机增氧 1～2 小时。大雨过后，应及时排掉表层淡水，若发现虾活动呆滞，应加注新水并启动增氧机。

6. 投饵　培好水色的池塘，投喂人工饲料从放苗后第 10 天开始，每天 2 次，以上午 8～10 时，下午 16～18 时为宜，夏季可在夜间 10～12 时增加投喂次数，以免夜间停料时间过长，虾群饥饿而残食蜕壳的软体虾。当个体长至 5 厘米后的中期虾每日投饵次数增加到 4 次，分别是上午的 8 时、12 时和下午的 17 时及晚上的 21 时。当虾体重长至 8～10 克/尾的收成阶段每日投喂增至 5 次，即在夜间增加 1 次，下午到次日改为 3 次，分别在 15 时、19 时、23 时投喂。每日按虾体重的 4%～5% 投喂，早上投一天总量的 30%，中午为 15%，下午至晚上分别为 15%、20%、20%。中后期的投饵除颗粒饲料外，可在晚上按 1 斤颗粒料 =2.5 斤小杂鱼的比例投喂适量的鲜鱼肉增加营养，但要避开水温高易污染的白天并配合虾的夜间活动觅食较强的特点进行。为预防虾病，在配合饵料中应添加维生素 C 或抗菌素，并在颗粒饲料表面喷洒一层花生油或豆油，以防药物溶解散失。

7. 日常管理　坚持早、中、晚巡塘，观察水质变化，检查对虾摄食活动情况并做好记录。根据虾的生长速度，结合各项管理措施，判断对虾生长是否良好，以便及时调整和改进管理措施。

四、疾病防治（参考第一节《斑节对虾养殖》）

第三节　青蟹养殖

锯缘青蟹俗称青蟹，在我国的南海和东海均广泛分布。青蟹的蟹体分头胸部和腹部。头胸部完全愈合，背面称背甲，腹面称腹甲（也叫胸板）。腹甲前端正中部为口器，由一对大鄂、二对小鄂和三对鄂足自里向外层叠而成。腹部极其退化，俗称腹脐，紧贴在腹甲下方。附肢五对，位于头胸部腹面，第一对为钳状螯足，用来捕食和御敌；第二至四对呈尖爪型，用来爬行；第五对呈浆状，为游泳足。

青蟹味道鲜美，营养丰富。据分析，青蟹每100克可食部分含蛋白质15.5克、脂肪2.9克、碳水化合物8.5克，还富含钙、磷、铁及多种维生素。因此，青蟹在市场上颇受欢迎。

进行青蟹养殖，是农业投资的一条致富之路。在广东沿海一些地区，青蟹养殖已发展成为水产养殖的一个重要行业。开展青蟹养殖，必须了解其养殖特性、种苗生产及养殖管理等技术。现将这一技术简明介绍如下：

一、青蟹的养殖生物学特征

1. 栖息习性

青蟹生活于浅海及潮间带，多栖息于泥或泥沙底质海域，尤以河口咸淡水水域较多。有红树林生长的地方，青蟹也较多。青蟹通常白天穴居，夜间活动。由于眼睛和触角很灵敏，所以夜间活动自如。

2. 对温度和盐度的适应性

青蟹对盐度的适应范围较广，能在盐度5.00‰～32.00‰的海水中生长，最适盐度为12.00‰～16.00‰当盐度低于5.00‰时，青蟹常挖洞穴居，度过不良环境。

青蟹生长的最适水温为18～25 ℃。当水温降到5 ℃时，青蟹完全停止活动和摄食，整个身体藏匿在泥里，处于休眠状态；若水温高于35 ℃时，青蟹出现明显不适状态；水温高于39 ℃时，身体逐渐衰弱而死亡。当然，分布在不同海区的青蟹，对水温的适应范围有一定差异。

3. 食性

青蟹以肉食为主，常以小鱼、小虾、贝类及其他动物尸体为食物，也食海藻及有机碎屑。在人工饲养条件下，小鱼、小虾、钉锣（蟹守螺）、蓝蛤、偏顶蛤等各种经济价值较低的贝类及小杂蟹、淡水螺蛳、河蚬均可作为饲料。

4. 蜕壳与生长

青蟹从幼体到成蟹需经历许多次蜕壳，无论是幼体形态的变化、体躯的增大，还是断肢的再生，都发生在每次蜕壳之后。每次蜕壳可使体长增0.3～1厘米，体宽增0.4～1.2厘米。在水流畅通的地方，每次蜕壳需10～15分钟，如碰到惊扰则蜕壳时间延长甚至蜕不出壳而死亡。刚蜕壳的蟹，体躯柔软，大量吸入水分，个体增大，无游泳能力，横卧水底，1～7小时后，甲壳逐渐变硬，3～4天才完全硬化。

蜕壳多在大潮期的晚间或早晨进行。先在体腔内分泌许多黏液（起润滑作用），然后软甲壳和硬甲壳分离。身体肌肉不断收缩，由背甲后缘先起蜕，然后遍及整个躯体，最后蜕的是螯足。

青蟹的附肢在受到强烈刺激或机械损伤时会自行断落，称为自切。自切有一定的位置，即在附肢基节与座节之间的关节处，自切后又可以在此处复生新足，但要经过几次蜕壳后才能完成。不过，复生的新附技比原来的附肢细小。

5. 繁殖习性

青蟹性征明显，从外形上很容易辨别雌雄。雌蟹的腹脐呈椭圆形，在第三对步足的两个基部各有一个生殖孔，雄蟹的腹脐呈三角形，在游泳足的基部有一对交配器，另外，雄蟹的甲壳比雌蟹稍长。

雌蟹的生殖器官包括卵巢和输卵管两部分。成熟的雌蟹卵巢很发达，呈黄色或橙红色，几乎充满整个背甲的内面，左右卵巢愈合成一片。雄蟹的生殖器官包括精巢和输管两部分。精巢有一对，呈乳白色，位于胃之两侧。

青蟹的繁殖季节各地有所不同，在广东和广西，其繁殖时间在每年3～5月和8～10月。但在室内水泥池中饲养时，除12月至翌年2月外（因水温低）其他时间都能交配和繁殖。

当雌蟹性成熟，在临蜕壳前通常有一只雄蟹守候在旁，在雌蟹蜕壳之后新壳尚未变硬时即行交配。交配时，雄蟹掀翻雌蟹，使雌蟹胸板朝天，腹部的两个生殖孔露出，雄蟹即将交配器插入其中，把精子送到雌蟹的纳精囊中贮存起来。交配时间短则10小时以上，长则需3～4天，一般连续1～2天。在交配中，若遇到其他雄蟹的干扰，交配的蟹会悄悄地移动位置避开。一旦避不了，雄蟹会用它的大螯与外敌格斗，以保证交配继续下去。交配后，雄蟹仍在旁看守，直到雌蟹的甲壳完全硬化才离开。

交配后，雌蟹的卵子逐渐发育成熟，成熟的卵子经过输卵管进入纳精囊与精子结合受精，然后从生殖孔排出，附在腹肢的刚毛上。受精卵孵化成蚤状幼体，便脱离母体在水中浮游生活，经过5次蜕壳，变成大眼幼体，在岸边水草丛中生活，再经一次蜕壳变成幼蟹，此时开始向较深水域移动。

一般满一龄的雌蟹便能产卵。产卵多在夜间，一般晚上22时至早晨4时进行。产卵数与蟹的大小有关，一般在80～450万粒，产出的卵能附在腹肢上的只有35%，不过在水泥池中产卵的粘附率可达95%以上。

二、种苗生产

近几年，我国南方的青蟹养殖发展迅速，收到了较好的经济效益，但发展青蟹养殖，首先要解决的问题便是种苗生产。目前，青蟹种苗主要来源于自然海区的蟹苗。但由于海区苗受自然条件的影响，丰歉不一，很难做到计划生产，因此，人工育苗也开始受到重视。

（一）天然苗的生产

1. 大眼幼体的捕捞与培育

在青蟹繁殖季节（广东2～4月和8～9月，以2～3月为盛期；广西3～11月；福建3～10月）里，在有大眼幼体的海区，用网目为1～1.5毫米的手推网捕捞。在退潮时人下到海中（水深1米左右）推捕，起网时将捕获物洗入网尾袋，然后倒入盛有海水的胶桶中。大眼幼体在27～29℃条件下，经过4～6天的人工培育，便可蜕壳变成幼蟹。培育方法与青蟹人工育苗方法相同。

2. 天然苗的捕捉

捕捉天然蟹苗，主要有以下几种方法：

(1) 蟹篓诱捕　蟹篓以竹篾编成，篓内放置青蟹喜食的诱饵，用延绳沉入内湾或河口的水域里。青蟹一旦进入便出不来。经过一段时间后，提起蟹篓，捕取猎物，放好饵料，又继续诱捕。用此方法捕获的蟹苗无损伤、质量好。

(2) 脚印捕捉　根据青蟹涨潮觅食、退潮洞穴匿居的习性，干潮时在滩涂上踏上一行一行的脚印，第二次干潮后去检查，在脚印中能捕获一定数量的青蟹。这一方法为沿海群众所普遍应用。

(3) 网具捕捞　利用青蟹玩水的习性，在涨潮时使用蟹网在闸门口捕捞；或者与其他渔业作业同时进行，即在使用拖网、定置网、罟网及鱼槲装捞网时同时进行。此方法的缺点是容易造成机械损伤。

(二) 人工育苗

1. 亲蟹的培育

进行人工育苗，选择亲蟹是关键。根据实践经验，亲蟹要选择体形大、健康无病、附肢完整无缺的个体。亲蟹培育是人工育苗的基础，应根据亲蟹的发育规律，采用科学的饲养方法，促使亲蟹成熟早、产卵率高。

亲蟹培育池有室内水泥池、室外水泥池及土池三种。室内池面积5~10平方米，池深1米左右，采用恒定对流水培育，放养密度为每平方米1~1.5只。室外水泥池面积一般为10~50平方米，水深1.1米左右，培育时，每天换水一次，放养密度为每平方米1只左右。土池面积一般为卜一2亩，水深1.2~1.5米，可利用潮汐每天换水一次，放养密度为每平方米0.5只左右。为防止相互残杀，特别是防止刚蜕壳的青蟹被伤害，在池底部必须投放一定数量的隐蔽物，以便亲蟹躲避敌害和避免互相残杀。

在亲蟹放养前以及整个培育过程中，都要测定养殖水体的理化性质，如水温、盐度、溶解氧，pH值等。培育亲蟹的水温，不宜低于14℃，在越冬期间以16~18℃为宜，在开始孵化育苗前一个月左右，逐步将水温提高到23~26℃。亲蟹对盐度的适应性很强，但在产卵前，盐度应逐步调整到24.00‰～29.00‰为宜，pH值应控制在7.5以上，溶解氧应控制在3 ppm以上。

营养物质是亲蟹性腺发育的物质基础。青蟹饲料中的蛋白质食量要求比鱼类高，一般都在40%左右。当水温为25 ℃时，亲蟹的摄食量最大，选择饲料时，尽量避免单一。投饵要定时定量，早晚各一次，每次投喂量为亲蟹体重的10%。但在具体操作中，应视吃剩与否作适当调整。

2. 亲蟹的产卵与孵化

亲蟹经过培育后，性腺逐渐发育至卵熟期，在适宜的水温（24～29 ℃）条件下，每天经1小时左右的露空刺激，便开始自然产卵受精。

青蟹的受精卵是粘附在雌蟹腹肢的刚毛上孵化的，也可将受精卵剥离母体人工孵化。在正常的水温条件下，受精卵经过14～22天开始孵化。从受精卵至蚤状幼体孵出，通常称为孵化期。受精卵孵化的适宜水温为24～29 ℃，适盐范围为26.00‰～29.00‰，孵化池内要充气增氧，投饵清污，减少对亲蟹的干扰，防止日晒雨淋。

3. 幼体培育

刚孵的幼体，称为蚤状幼体，幼体发育分为五个蚤状幼体期和大眼幼体期。共需蜕皮变态六次。在水温26～29 ℃约需23～24天发育成为幼蟹（表8）。

表8　青蟹各期幼体大小及发育时间

发育期	体长（毫米）	腹长（毫米）	水温（℃）	时间（天）
Ⅰ期蚤状幼体	1.04～1.14	0.58～0.60	25.7～26.6	4～5
Ⅱ期蚤状幼体	1.41～1.65	0.83～0.89	27.3～27.5	2～3
Ⅲ期蚤状幼体	1.90	0.95～1.00	27.3～27.6	3～4
Ⅳ期蚤状幼体	2.49	1.31～1.41	27.6～28.2	3～4
Ⅴ期蚤状幼体	3.32	1.82	28.0～28.5	3～4
大眼幼体	3.55（全长）	1.53	26.9～29.2	6～7
发育周期			25.7～29.2	23～24

在幼体培育过程中，要掌握好以下环节：(1) 幼体密度：受精卵孵化后，应及时将亲蟹捞起。第Ⅰ~Ⅲ期蚤状幼体的培育密度为30~40个/升。第Ⅳ~Ⅴ期蚤状幼体的培育密度为20个/升左右，大眼幼体的培育密度为10个/升左右。(2) 投饵：青蟹幼体的饵料主要是轮虫、丰年虫无节幼体、蛋黄、磨碎的贝类和鱼肉、虾苗饲料以及扁藻、金藻、角毛藻等。一般每天投喂四次。投饵量可参考表9。(3) 水温：幼蟹生长的适宜水温为25~29℃,最适温度为27℃。(4) 盐度：在盐度27.00%~34.00%范围内幼体生长发育良好，在育苗初期，盐度不能变化太大。(5) 水质：在育苗过程中，要保持水质清新，每天吸污换水二次，并要充气增氧。(6) 其他事项：在育苗过程中要随时检查发育情况以及幼体的肠胃饱满情况，清除敌害生物。

表9　青蟹幼体的投饵量

发育阶段	投饵密度（每次）
第1期蚤状幼体	单胞藻1 000~2 000个/毫升，轮虫1~2个/毫升；或虾苗饵料0.5 ppm；或蛋黄1~2 ppm
第Ⅱ~Ⅲ期蚤状幼体	单胞藻1 000个/毫升，轮虫2~2.5个鹰升；或虾苗饵料0.6 ppm；或蛋黄2 ppm
第Ⅳ-Ⅴ期蚤状幼体	轮虫2.5~3个/毫升；或牡蛎担轮幼虫2~3.5个/毫升；或虾苗饵料0.6 ppm；或蛋黄2 ppm
大眼幼体	丰年虫无节幼体2个/毫升；或藤壶无节幼体3.5个/毫升；或将鱼、虾、贝肉磨碎过滤后投喂

三、养成

（一）蟹池建造

蟹池建在风平浪静、有淡水注入、无污染的内湾或位于中潮线以下有一定倾斜度的沙泥滩涂上，蟹池的水深要求干潮时能保持0.8~1米。面积以2~5亩居多。池堤为三合土或石块、水泥砌成的无坡度的直立堤。若是土堤，则要拦网或插上竹箔，以防止青蟹越堤逃走。

（二）种苗放养

1. 放养时间

青蟹的放养可分两种主要类型：（1）以幼蟹作种苗，从小养到大，要经过从幼蟹到商品蟹的养殖全过程。（2）以大规格的成蟹作种苗，以育肥为目的。在我国南方一年四季都可放养青蟹，但养成的时间长短不仅受水温、盐度和饵料的影响，而且与种苗规格直接有关。以幼蟹作种苗者，一般需养几个月才能收获。以育肥为目的者，饲养时间一般为20～40天，最快10多天就可收获。在2～3月，青蟹生殖腺发育最快，放养后18天即可收获；4～5月需饲养20天；5月以后则需20多天才可收获；7～9月间，由于天气炎热，水温过高，蟹的生长不好而且易死亡；10～12月水温较低，要放养30～40天才能收获。

2. 放养密度

青蟹的放养密度，要根据季节、个体大小、饵料和蟹池等条件来定。若放养密度过大，因拥挤容易发生互相钳斗的现象，引起伤亡。若放养密度太小，则浪费水体，影响效益。4～8月间，由于气温逐日升高，又是雨季，水温、比重变化较大，易引起青蟹死亡，故放养密度要适当减少。对于150克以上的成蟹，一般每平方米放养4.5只左右。秋季以后至翌年的3月，水温较低，透明度大，可以多放，每平方米放养6～7.5只为宜。如果是150克以下的小蟹，特别是仅有25～50克的幼蟹，放养密度可适当增大。若是从大眼幼体蜕壳而来的蟹苗，其放养密度可参照虾苗放养密度放养，但放养一段时间后需要分池。

为了便于管理，在放养过程中，最好按种苗规格进行放养，一般规定按雌蟹、花蟹、未受精蟹、雄蟹、25～75克的幼蟹和100～150克的小蟹入池饲养。但往往由于种苗供应不足，不能及时满足放养要求，可以分批放养。

（三）投饵技术

1. 饵料的种类

青蟹以肉食性为主，但有时也摄食一些植物性饵料（如海草嫩芽和海藻类等）。用来作为青蟹饵料的有：小型的贝类（如蟹守螺、红肉兰蛤、中国绿螂、鸭嘴蛤、偏顶蛤、牡蛎或陆地的蜗牛等）以及小鱼、小虾、小蟹等。实践证明，用蟹守螺和牡蛎做饵料，饲养效果很好。每年 8 ~ 10 月，蟹守螺很肥，青蟹最爱吃，经常投喂，青蟹的卵巢成熟快，肉肥满，质量好。但一般多采用鱼、贝的混合饵料。各地应根据实际情况，因地制宜地选择饵料种类，并要求饵料新鲜。

2．投饵量

投饵量的多少与温度等环境条件有密切关系。青蟹在水温 18 ℃以上时摄食旺盛，到 25 ℃时达最高峰，水温降至 13 ℃以下时，摄食量大为减少，降到 9 ℃左右时停止摄食，水温超过 30 ℃摄食量也明显降低。据有人试验，以小鱼为饵料，青蟹在 25 ℃时的摄食量为体重的 17% ~20%。因此在投饵前，要检查青蟹对前次投饵的觅食情况，酌情增减饵料。饵料投放过少会影响蟹的生长发育，投放过多则浪费饵料，且易造成水质变坏。

综上所述，应根据季节、天气变化、潮汐等不同情况进行投饵。一般在 4 ~ 8 月间，气候条件较好，蟹的摄食量最大；在大潮期换水后，蟹的摄食量更大，应增加投饵量一倍；如遇雨水过多．池水混浊，蟹不便摄食，可适当减少投饵量；天气闷热时，蟹的食欲也会减弱；天气寒冷，水温降到 9 ℃以下时，可以停止投饵。

3．投饵方法

根据青蟹多为昼伏夜出觅食的习性，一天应分两次投饵，早晨 5 点左右投放一次，投放量为一天饵量的 40% 左右；晚上 19 点再投放一次，投饵量为 60% 左右。

饵料要投放在池的四周，不能投在池的中央，且要均匀，以免蟹争食引起钳斗而伤亡，也便于检查饵料的被食情况及残饵的清理工作。有的饵料要处理后才能投放。若用鱼虾做饵料，要求不能变质发臭，以免影响水质和蟹的健康。大鱼要切碎后投放，壳厚的螺或双壳类要打碎壳后才投放，壳薄的小贝，如红肉兰蛤、短齿蛤、鸭嘴蛤、偏顶蛤、中国绿螂等可投放带壳的活体，这样可避免蟹吃不完而影响水质。

（四）管理措施

饲养期间的管理工作很重要，关系到青蟹的产量和质量。因此，必须要有专人负责，严格管理，才能收到好的效果。管理工作主要有如下措施：

1. 保持适当的水量和良好的水质

水质是否适当和水质的好坏，直接影响青蟹的生活和生长发育。若水量不足，则含氧量低，对蟹的生长不利。为了使青蟹长得好，必须保持足够的水量和良好的水质，因此要勤换水，并控制水位。

（1）换水：一般每隔 2～3 天换水一次，若天气不好时，可适当延长，但最多不能超过 7 天，以免水质变坏，影响蟹的生长以致生病死亡。也不需要天天换水，这样反而使水不易澄清，妨碍蟹的摄食。换水虽要根据潮汐情况，但不要选择中午阳光太强时进行，以免造成新旧水体温差太大，最好在早晚进行。还要控制进水量，不要太猛，以免增加水的浑浊度。换水时要注意盐度，新注进的海水和原蟹池的水盐度相差不要太悬殊。排水时不要排干，要保持有 20 厘米水位，否则进水后泥浆会把蟹淹没，时间稍长就会使蟹窒息。下雨后要换水一次，防止水质变坏。

（2）控制水位：根据青蟹的生活习性，其在不同的季节对水深的要求不同。冬季一般在退潮时保持水深 30 厘米左右，涨潮时保持在 1 米左右。寒潮来临时要提高水位，夏天炎热时水位增至 1.5～2 米，若放养密度大时，水位还要相应提高。最好在蟹池中投放一些江蓠，既可遮荫又可改良水质，还可做饵料。

2. 经常检查

5～9 月间蟹的活动频繁，容易逃走，特别是天气闷热时。所以要经常检查池堤、竹箔（或竹篱芭）、网片，尤其要检查闸门是否有缺口和漏洞，每收获一次后就要全面检修堤闸一次。

3. 观察蟹摄食情况和清除残饵

主要观察饵料是否适量和蟹的生长情况以及卵巢的发育程度，并及时清除残饵，以免水质变坏，影响蟹的生长。清除残饵的方法是：一般在排水时进行，用六齿耙或锄头在有残饵的地方搅拌，将贝壳捞起，让污泥浊水及残饵随水流流出池外。

4. 注意天气变化

天气的突变对青蟹的威胁很大，特别是暴雨会使池水盐度突变，有时会造成蟹全部死亡。因此要注意天气的变化情况，最好与当地气象部门经常联系，提前做好准备，控制水位，以保证蟹的正常生活。

5. 病害（参考第一节《斑节对虾养殖》）

由于气候的关系，如突然下雨，会引起海水盐度变化，使蟹的渗透压等生理机能适应不了突然的变化，以致产生一些疾病。在蟹的卵巢发育的各个阶段，都会出现这种情况。其症状是雌蟹的卵巢组织腐烂，同时也会引起步足基节呈类似卵巢的颜色，广东群众常把呈白色的称为白芒病，呈粉黄色的称为黄芒病。步足基节有颜色后，折断基节会流出黏液，其颜色与表面观察的颜色一样。若池水过淡，步足基节和腹节部位会出现水肿现象。

发现病蟹后，要将病蟹分开饲养，以免传染，并及时调节池水比重。另外对寄生在蟹腹脐的蟹奴和藤壶，要及时剔除。

四、收获

青蟹在饵料充足和管理周到的情况下，经 20 ~ 40 天的饲养（指 150 克以上的蟹苗），可达到最大肥满度。若是交配的雌蟹，卵巢已充满于头胸甲前侧缘，有的在头胸甲后缘、心区、肠区及腹节的基部都充满卵子，此时即可捕捞上市。根据群众的经验，认为在头胸甲前侧缘还留有火柴粗的空隙时，收获较合适，如果卵巢成熟过度，蟹容易死亡，也不便存放和运输。

1. 收获方法

青蟹的收获是采用轮收轮放的形式，即边收获边放种苗。收获的方法很多，归纳起来可以分为两种，一是利用青蟹在涨潮时集中在闸门附近、企图逃走的习性，进行收获；二是在退潮后放干水进行收获。具体操作方法主要有以下三种：（1）蟹网捕获法：在温暖季节，潮水初涨时，青蟹常逆着潮水游到闸门处，俗称玩水。可根据青蟹这种生活习性，使用蟹网在闸门口进行捕捞。蟹网由木框和网片构成，呈四方形，有一手把，网的大小视闸门的大小而定。这种捕捞法效果较好。（2）蟹笼捕捞法：蟹笼是用竹篾编成，呈长方形，其高度和宽度与闸门的高度和宽度基本相等，涨潮时将蟹笼放在闸门处，然后打开闸板，放水入蟹池，蟹即逆流而来，进入笼中，待蟹笼装满蟹或者平潮后，方可将蟹笼提起，在起笼前要先关好闸板。（3）退潮干池收获法：这种收获法多用于大收获。在退潮时开闸排水，池水排得差不多干时，人下池捕捉，所使用的工具是六齿耙和一个椭圆形的小捞网。操作时从蟹池的一边开始，将六齿耙顺蟹池慢慢地耙动，遇到蟹时，将蟹捞起，用捞网接住，倒入木桶内，再继续耙动。这种方法效果也较好，但在捕捉时，易被蟹钳伤，要特别小心。

2. 运输出售

将捕起的青蟹投放木桶后，要放上一些绿色树叶，可防止蟹互相钳伤，最好将蟹及时绑起来，装入竹箩中。若需长途运输时，夏天和冬天要采用不同的方法。在夏天每天将蟹泡入海水中数分钟，这样可以保持 3～4 天不致死亡。冬天运输时竹箩上要铺席包和稻草，以免蟹受冻，而且蟹口朝向箩中间，以免寒风吹入，使蟹死亡；青蟹离水后每天要适当喷洒一些海水，这样能存活 6～7 天，但不能将蟹直接浸入水中。

第七章　贝类养殖

第一节　鲍的养殖

鲍俗称“鲍鱼”，其足部肌肉发达，细嫩可口，经济价值高；贝壳称“石决明”，是良好的中药材。我国自古以来就把鲍列为海产“八珍”之首，为名贵海珍品。

一、鲍的生物学特性

1. 分类地位：

鲍属于软体动物门（Mullusca），腹足纲（Gastropoda），前鳃亚纲（ProSobranchia），原始腹足目（Archaeogastropoda），鲍科（Haliotidae），鲍属（Haliotis）。

世界上鲍的自然分布区主要为澳大利亚、日本、墨西哥、中国、南非、美国、加拿大等地，约 90 有种，其中具有经济价值的种类有 10 多种。在中国主要经济种类有 9 种，分别为皱纹盘鲍、杂色鲍、耳鲍、半纹鲍、羊鲍、平鲍、多变鲍、格鲍；养殖种类有两种，分别是北方沿海的皱纹盘鲍（Haliotis discus hannai）和南海北部沿海的杂色鲍（九孔鲍）（Haliotis diversicolor）。

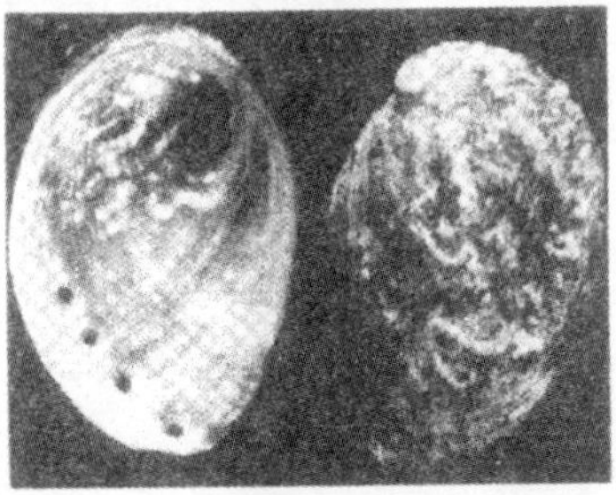

1. 皱纹盘鲍

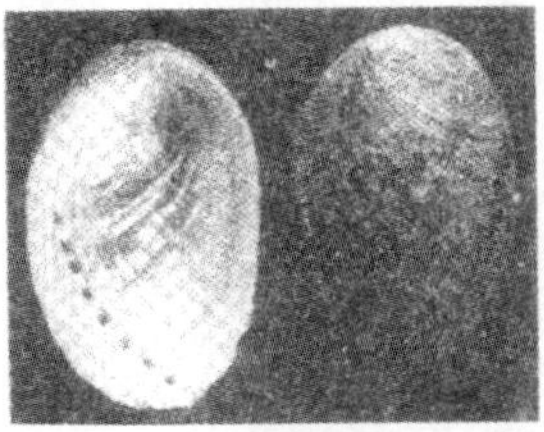

2. 杂色鲍

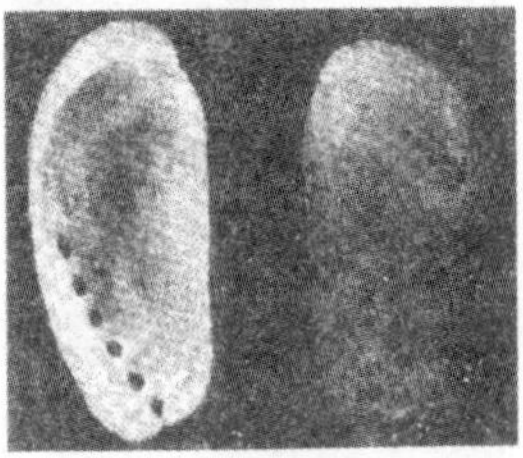

3. 耳鲍

图 13　我国常见的几种鲍

皱纹盘鲍：贝壳大，坚实，螺层 3 级，缝合线浅，壳顶钝，壳边缘有一排突起物，末端有 4 ~ 5 个小孔，壳面被这列突起物和小孔分成左右两部分。壳表呈深绿褐色，生长纹明显，贝壳内面呈银白色。

杂色鲍（九鲍）：贝壳坚厚呈耳形，螺层 3 级，螺旋部小，体螺层极大。壳面的左侧有一列突起物，约 30 个，前面有 7 ~ 9 个小孔。壳表呈绿褐色，生长纹细密，与放射肋交错使壳面呈布纹状。贝壳内面银白色，具珍珠光泽，腹足发达。

2. 生活习性

鲍为匍匐生活种类，利用宽大的足部，平展的蹠面，蠕动的机能，吸附和爬行于岩石和缝隙之间，并借助坚硬的贝壳作保护以免受敌人的侵袭。

鲍的栖息场所为潮下带的浅海中，喜栖于周围海藻茂盛、水质清晰、水流畅通的海域。鲍常群聚在不易被阳光直射和背风、背流的阴暗处，岩礁洞穴地形越复杂，栖息的鲍就越多。

鲍的栖息水深依种类的不同而有异。皱纹盘鲍的栖息深为1～20米，杂色鲍一般以2～10米为多。鲍的年龄越大，生活在深水处的就越多；年龄越小，则生活在浅水处的就越多。

鲍为昼伏夜出动物，以夜间活动为主。鲍在夜间的摄食量大、消化率高、运动距离长、呼吸强度大，白天只在涨落潮时稍作移动。其活动习性与多种环境因素如光照、饵料种类和数量、水温、盐度、溶氧等密切相关。鲍的移动速度很快，一分钟可爬行50～80厘米。鲍有明显的季节性移动，冬春季水温低时向深水移动，初夏水温回升后便逐渐向浅水移动，盛夏表层水温偏高时又向深处移动。

鲍的耗氧与环境条件有密切关系，水温上升，则耗氧量大，而夜间又比白天耗氧多。一般工厂化养鲍要求海水含氧量不低于3毫升/升，正常需要以5毫升/升以上为宜。

3. 对温度、盐度的适应性

皱纹盘鲍为北方沿岸种类，耐寒性强，抗高温能力弱。水温28 ℃时生活开始不正常，超过30 ℃可引起死亡；15～20 ℃为最适生长温度；杂色鲍为暖水性种类，其最适温范围10～28 ℃，但高于28 ℃或低于18 ℃时摄食及活动减少。

皱纹盘鲍和杂色鲍在盐度28‰～35‰时能正常生活，盐度25‰以下生活不正常，盐度在20‰，则开始出现死亡；但杂色鲍中的九孔鲍（台湾种）的适盐下限可相对低些。

4. 鲍的食料

若在人工育苗条件下，应根据鲍的不同发育阶段，及时投喂一定数量易消化、富有营养的生物饵料或人工配合饵料。

（1）鲍幼体

鲍的担轮幼体脱膜后，仍然依靠细胞内的营养物质供应幼虫发育所需要的能量，一直发育至面盘幼虫后期才吞食少量单细胞藻类及有机碎屑。幼虫发育到匍匐期后，利用吻部的频繁伸缩活动，以舐食的方式从基面上获取较多的单胞硅藻，尤其是上足分化后的匍匐幼虫摄食量大。

（2）稚鲍、幼鲍

壳长 10 mm 以内的稚鲍和幼鲍，前期主要摄食底栖硅藻、小型底栖生物、有机碎屑，后期摄食柔软的海带、浒苔、裙带菜和江蓠等海藻的幼芽。人工养殖时可将这些藻类切成碎段喂养，也可适量投喂人工配合饵料。

（3）成鲍

壳长超过 10 mm 的成鲍为杂食性动物，食料种类中以褐藻类为最佳，也可兼食绿藻、红藻、硅藻、种子植物及其他低等植物。成鲍在摄食活动中，有多种藻类时，喜食柔软的；只有一种藻类时，喜食幼嫩的。

二、种苗生产

鲍是雌雄异体动物，产卵、排精方式与其他原始的腹足类相同，精卵直接产在海水中受精孵化，它们没有单独的生殖孔，精子或卵子经肾脏排至鳃腔，然后经贝壳前端的开孔排入海水中。

鲍的繁殖期因种而异。皱纹盘鲍在黄渤海的繁殖盛期在 7～8 月份，水温在 20～24 ℃；杂色鲍在南海北部的繁殖盛期在 5～6 月份，水温在 25～26 ℃；而台湾的九孔鲍（为杂色鲍的一个亚种）的繁殖盛期在 9～10 月份。

鲍的苗种生产主要靠人工育苗，目前我国南北沿海杂色鲍和皱纹盘鲍的人工育苗均已获得成功，并已形成较为成熟的种苗生产技术工艺，在生产中得到广泛的应用。

鲍的人工育苗大体上可分为亲鲍选择、蓄养、底栖硅藻培养、催产、孵化、幼体培育及稚鲍培育等环节及阶段。

（一）亲鲍选择

亲鲍性腺成熟度良好，是鲍人工育苗的前提条件。杂色鲍（九孔鲍）应选择个体在 6 厘米以上的作亲鲍，皱纹盘鲍则应达

8～9厘米。要选择性腺饱满、体质健壮、无创伤、足肌活动敏锐的成鲍作亲鲍。通过观察生殖腺的颜色可鉴别雌雄，将腹足轻轻掀起，雌性生殖腺为紫褐色或深棕色，雄性生殖腺为杏黄色或乳白色。雌雄比例为4∶1。选好亲鲍后，应清洗干净，然后进入蓄养阶段。

（二）蓄养

一般在采苗前3个月开始蓄养亲鲍，蓄养密度与蓄养条件有关，一般蓄养密度控制在每个养殖笼10个（即4.5～5.0 kg/m^3水体），蓄养期投喂江蓠、海带等饵料，流水充气培养，控制光线。

（三）底栖硅藻培养

底栖硅藻是鲍幼虫和稚鲍的主要饵料，因此在人工催产之前应培养好底栖硅藻。

1. 藻种的选择

选用本地海区繁殖生长的硅藻作藻种，一般选择小型的舟形藻、卵形藻、菱形藻等。

2. 接种与培养

将消毒过的饵料板或薄膜插入鲍的采苗架上，于采苗前一个多月置于经过滤的海水中，按单胞藻培养的要求加入适量营养盐（N∶P∶Fe∶Si＝20∶1∶1∶1），然后将藻种均匀泼洒于池中，使藻种附于饵料板（膜）上，并适量换水。在培养过程中应避免强光，否则将会使绿藻大量繁殖而抑制硅藻的生长。

（四）采卵技术

1. 催产方法

亲鲍的雄雌比例一般为1∶5～10，先选择好放于催产槽内，断饵、洁水、充气，静养一天后，进行阴干刺激30%～60分钟，然后将亲鲍置于经紫外线照射过的海水中，保持黑暗的环境，盐度应保持在30‰～33‰，再进行变温刺激，并反复多次，将能促使亲鲍排精产卵。

2. 洗卵

将卵子进行人工授精，然后静置20～30分钟，当卵子全部下沉后，即可将中上层清水倒掉3/5左右，再注入新鲜海水。洗卵约经 15 ~30 分钟进行一次，反复进行 3 ~4 次。

3. 胚胎发育

（1）初期胚体

杂色鲍的卵子在海水比重 1. 022 ~1. 023，水温在 24 ~26 ℃的条件下受精，经 20 分钟出现第一极体，继而出现第二极体。第 45 分钟开始第一次卵裂，第 60 分钟后第二次卵裂，1 小时 20 分钟后分裂为 8 个细胞，至 2 小时 30 分发育至桑椹期，至 4 小时 15 分钟进入原肠期。

（2）担轮幼虫

杂色鲍受精后 6 小时左右胚体出现纤毛环，8 ~10 小时发育为破膜而出的担轮幼虫，呈浮游状，成为上浮幼体。

（3）面盘幼虫

受精后 10 ~12 小时，壳腺开始分泌薄而透明的贝壳，幼虫的大小为 0. 21 mm，在水层中活动，至 16 时 30 分形成扭转后的面盘幼虫，这个阶段由于贝壳的出现，幼体逐渐下沉。

（4）围口壳幼虫

受精后 78 小时左右，在幼虫壳的前缘增厚，出现了围口壳，幼虫大小为 0. 28 厘米，为围口壳出现阶段的匍匐幼虫，面盘萎缩，纤毛逐渐脱落，完全失去游泳能力，靠腹足吸附于附着基上，并开始舔食基面上的小型底栖硅藻。

（5）上足分化阶段的幼虫

经过受精后 10 ~12 天左右的发育，幼虫壳长达 0. 75 mm，壳宽达 0. 65 mm。上足开始分化，贝壳稍有增厚，足部发达，在基面有较强的吸附能力，头部触角伸长，突起增多，舔食量明显增加。

（6）稚鲍

经过精心管理，在正常情况下至第 24 天，发育较快的个体可出现第一个呼吸孔而成为稚鲍，平均壳长 1. 85 mm，宽 1. 39 mm。

（五）生长

1. 稚鲍和幼鲍的生长

杂色鲍从出现第一呼吸孔起进入稚鲍期。第 32 天后，壳长 2. 52 mm，呼吸孔 4 个，贝壳呈褐赤色；60 天后达 5. 9 mm，呼吸孔 11 个；67 天后达 7.6 mm，壳宽 5.2 mm，呼吸孔 13 个，头部触角呈鞭状，色黄，吻部出现黑色素。随着个体的成长，呼吸孔数不断增加，最后只保留 7 ~ 9 个，其他的逐渐关闭。

2. 成鲍的生长

杂色鲍从受精卵至成鲍阶段需 3 ~ 4 个月，至壳长 10 mm 以上时进入成鲍生长阶段。鲍的生长速度与鲍的种类、年龄、饵料及水温有重要关系。将皱纹盘鲍养殖至壳长为 7 ~ 8 cm 的商品鲍需 2.5 ~ 3 年，而台湾九孔鲍生长速度相对快些；一般 2 ~ 5 cm 的鲍生长最快，饵料的种类及数量均影响鲍的生长，而适宜的水温则是鲍生长必不可少的因素。

（六）幼体培育

杂色鲍在 25 ~ 28 ℃条件下，经 8 ~ 10 小时发育至担轮幼虫。换水需用过滤器，网目为 20 微米左右，培育密度以 1 ~ 2 粒/ cm^3 为宜，流水充气，每日换水量为培育水体的 2 ~ 3 倍。一般在采苗后半个月，随着幼体的生长，采苗器上的硅藻将逐渐减少，应追加营养盐及增加藻种促进藻类繁殖增长。

培苗过程中若发现敌害生物如桡足类多的话，可用 1 ~ 1.5 ppm敌百虫毒杀，经常清除杂物及杂藻，并不定期换片、清池和倒池。

随着幼体的增长，要不断调整培养密度，同时换水量也应增加，至壳长增长至 4 ~ 5 mm 时，每天换水量应尽量大，达 8 ~ 9 倍为最适宜。

（七）中间培育

当幼体长至 5 mm 左右时，饵料膜上硅藻已不能满足其生长的需要，这时应把幼鲍从附片上剥离下来，转入稚鲍培育阶段。

稚鲍培育的附着基在北方多采用网箱流水平面培养，网目的大小以不漏掉稚鲍及保持水流畅通为原则，附着板一方面作为稚鲍的附着基，又是作为投饵的承受器；饲养密度约为 6 000 只/米^2；南方稚鲍培育方法多用四脚砖养殖法，放养密度每平方米水面 4 000 粒左右。

无论采用何种培育方法，流水量和充气量都应充足。饲料应投喂切碎的各种海藻，在换水条件有保障时也可投喂人工配合饲料。平时应定期观测其生长情况，测量水温、盐度、溶氧，发现特殊情况应及时妥善处理。

当幼鲍养至壳长20 mm以上时，即可为鲍场提供养成用的鲍苗，进入成鲍养殖阶段。

三、鲍的人工养殖

（一）鲍的工厂化养殖

1. 主要养殖设施

工厂化养鲍是指在傍海处建立水、气、暖配套的养鲍车间，把鲍苗控制在室内人工养殖池中，直接养殖至商品鲍的一种高密度养殖方式。一般的养殖池规格是：面积20～40 m^2，深1.3～1.7 m，池内铺设进出水口和散气管，附着基为养殖笼。北方沿海养殖池一般为7～9 m^3，深0.4～0.5 m，使用工厂化养成网箱平流饲养法，附着基为大波纹板。

2. 养殖密度

南方饲养杂色鲍（九孔鲍）投放密度一般每立方米水体放22个笼，每个笼放壳长2 cm，鲍苗40～45只；用网箱养殖一般投放壳长2～4 cm鲍苗200～250只/箱为宜。

3. 养殖管理

（1）供水

水质要求符合养殖用水标准，供水系统的日供水能力必须是养殖水体的3倍以上，日换水量应保持3倍以上，在洪水期应密切注意盐度变化情况，若发现海区盐度接近生存下限应及时采取有效措施，如加盐、暂时停止供水等。

（2）供气

供气应充足，水中溶氧应保持在5 ml/l以上。

（3）投饵

投饵种类可分为新鲜海藻和人工配合饵料两种，可单独使用，也可两种混合使用。

①投喂新鲜海藻：日投放量为鲍体重的10%～15%，一般3～4天投喂一次，水温太高或太低时投饵量可适量减少。

②投喂人工配合饵料：人工配合饵料要求具有诱食性、营养性、保形性及经济合算等特点。壳长3～8 mm的稚鲍应投粉状饵料，壳长0.8～2 cm的鲍应投1 mm厚1 cm大小的薄片，壳长2.5 cm以上可投2 mm厚的大薄片。一般每日投饵量为鲍体重

的2%～5%。

(4) 清池：在排水投饵时，应同时清除残饵、病鲍、死鲍，并用高压水清洗干净。

(5) 加温：北方低温期应加热升温，使池水温度保持在适宜的范围内。

(二) 鲍的其他养殖方式

1．潮间带水池养殖

在处于潮间带的岩礁区，选择水质良好、风浪较小、地势较平坦的地带作为养殖场地，周围无泥沙影响，堤坝用混凝土构筑，高0.5～1.5m，位于小潮高潮线以下，退潮时池内可保留0.5～1.5m 水深。闸门设在全池最低处，利用涨潮自然纳水，退潮能将水全部排干，同时在池底铺上石块或水泥条作为鲍的遮蔽物，在堤坝内侧中上部，与墙侧面垂直，设 30～50 cm 宽的防逃网。

一般投放壳长 20 mm 以上的鲍苗，投放密度为 50～250 粒/m^2，每 4～5 天投放一次新鲜海藻。汛期要防止淡水进入池内，自然海水变浑时，应及时排水，以防浮泥覆盖。每年清池数次即可。

2．网箱养殖

选择风浪较小，有一定深度的近岸或港湾内水域作为网箱养殖场所。网箱的网衣用尼龙或胶丝编织，固定于网箱的框架上，网箱一般为方型，规格多为 2 m×2 m×2 m，箱底及四周罩网，箱面设活动网盖，供投饵、清洗等日常操作，用浮子将箱口露出水面。用废旧的大塑料管钻孔沉于箱底，作为鲍的附着器。

一般每平方米水面投放 20 mm 以上的稚鲍 500～1 000 粒，定期投放海藻，及时清除残饵、死鲍，洗刷网箱。遇台风时，可将网箱拖到安全的海域避风。

3．筏式养殖

选择合适的海区设置浮筏，将幼鲍投入容器中，吊挂于浮筏上进行养殖。所选海区要求水流畅通，水质清新，水深在 8～10m，能避 10 级以上大风浪的袭击。常用的养成器主要有塑料筒、网笼或金属笼等。放养密度视网笼大小及形状而定。

投饵要定时，每 7 天投饵一次为宜，饵料为各种新鲜海藻，如海带、江蓠、石莼、裙带菜及马尾藻等。平时应注意及时清除粪便、杂质和残饵，防敌害及清除污损生物等。

4．海底沉箱养殖

目前海底沉箱养鲍发展较快，是鲍生态养殖发展的重要方向，山东青岛及广东湛江一带沉箱养鲍发展较好。养殖沉箱由钢筋做成的框架，其大小规格一般为 $1.5 \times 1.5 \times 0.8 m^3$，外围上网片，内装石块或水泥制件供鲍附着。箱的中央要求留有 50 cm^2 的投饵场，供鲍摄食及人工投饵。

选择的海区要求大潮退潮后可保持 50～60 cm 水深。放养密度一般每个沉箱投放壳长 2 cm 的鲍苗 1 000 只左右。一般在大潮后投饵一次，投饵量为鲍体重的 10%～30%，饵料种类为各种新鲜海藻。

用沉箱养法养殖的商品鲍生长快，品质好，接近天然鲍，因此售价高，经济效益明显。

四、病害防治

在鲍的人工养殖过程中，由于水质、水温的变化和饵料的变质等各种因素的影响，容易诱发鲍的各种疾病，尤其在高密度、集约化养殖过程中，更加可能造成暴发性的鲍病流行，给养殖业主带来巨大的经济损失。鲍的病害防治应“防治结合、以防为主”，才能有效地控制鲍病的发生。主要的鲍病及防治方法如下：

（一）细菌病

1．脓疱病

（1）病原：河流弧菌

（2）症状：在足部肌肉出现白色脓疱，破裂后流出白色脓汁，足部溃烂，吸附力下降。

（3）流行情况：主要发生于盛夏高温季节，稚鲍和成鲍均可感染，病情严重，死亡率高。

（4）防治措施：用 3 ppm 氯霉素、6 ppm 复方新诺明、12.5 ppm 氟哌酸进行药浴，或以其中两种混合使用，可降低用药量，增强杀菌效果。

2．脓毒败血症：

（1）病原：坎氏弧菌

（2）症状：有两类：①腹足呈僵硬收缩状，表面具大小不等的脓疱，腹足底面尤多且大；②腹足呈松弛舒展状，表面偶见脓疱，肌肉组织极为疏松。

（3）流行情况：当水温16 ℃以上时，此病开始传播、流行，16 ℃以下基本停止。

（4）防治措施：用氯霉素等抗生素对该病较有效。

3．溃烂病

（1）病原：荧光假单胞杆菌

（2）症状：出现于0.5～2.5 cm的幼鲍，足部肌肉溃烂，运动减慢，附着能力减弱，不摄食，最后死亡。

（3）流行情况：在工厂化过渡养殖过程中，幼鲍溃烂病各个季节皆出现，该病造成的幼鲍死亡率可达40%～60%。

（4）防治措施：卡那霉素、恶喹酸、呋喃唑酮可作为预防和治疗该病的首选药物，同时也应注意水质、水温的变化及饵料的新鲜程度。

4．溃疡病

（1）病原：溶藻弧菌（Vibrio alginolyticus）

（2）症状：足上皮脱落，下足、外套膜出现水肿，随着病情发展，足部、外套膜及内脏出现大小不一的溃疡，足部收缩无力。对机械刺激无反应，不能正常翻转身体，最终死亡。

（3）流行情况：3～5 cm的杂色鲍发病率最高，春末夏初为发病高峰期，死亡率可达60%。

（4）防治措施：用氯霉素、复方新诺明等抗生素可较好地控制该病。

（二）真菌病

（1）病原：密尔福海弧菌（Haliphthoros milfordensis）

（2）症状：病鲍的外套膜、上足和足的背面发生许多隆起，隆起内含成团的菌丝。

（3）防治措施：用10 ppm的次氯酸钠可杀死海水中的游动孢子，起到预防真菌病的作用，但不能起治疗作用。

（三）病毒病

1．裂壳病

（1）病原：球状病毒

（2）症状：病毒粒子侵染鲍的血细胞，病鲍壳薄，壳缘外翻，壳孔相互串连，摄食力降低，生长缓慢，逐渐死亡。

（3）流行情况：从幼鲍到成鲍皆可感染该病。

（4）防治措施：目前尚无有效的防治方法。

2．肌肉萎缩症

（1）病原：种球状病毒

（2）症状：病鲍肌肉萎缩，肝胰脏溶解，附着无力，摄食不正常，最后消瘦而死。

（3）流行情况：1～3 cm 的鲍苗感染较严重，尤其在食性转化期间（由人工饵料转为投喂天然饵料），感染率最高。

（4）防治措施：目前尚无有效的防治方法。

（四）寄生虫病

1．派金虫病

（1）病原：顶复动物门的派金虫。

（2）症状：病鲍的足、外套膜的内部或其表面有直径1～8 mm的脓疱，呈淡黄色或褐色，脓疱内有大量的孢子和白血球。

（3）流行情况：发病时的水温为 20 ℃，盐度为 30‰左右。

（4）防治措施：无防治方法。

2．才女虫病

（1）病原：才女虫

（2）症状：一般在成鲍贝壳内表面珍珠层形成弯曲的隆起，才女虫寄生其内，壳易碎，严重影响鲍的正常生长发育，使其日渐消瘦甚至死亡。

（3）流行情况：一年四季皆有发生。

（4）防治措施：目前暂无理想的防治方法。

（五）非生物病

1．气泡病

（1）病因：在光照强烈且水流不畅时投喂海藻，由于海藻的光合作用产生大量的氧溶解于水中，如果其饱和度超过 150% 时，鲍就会发生气泡病。

（2）症状：病鲍在上皮组织之下形成许多气泡，口、足、外套膜和上足肿胀，全身肌肉和结缔组织中都有气泡，血管因发生气泡而栓塞。

（3）防治措施：在投喂大量海藻时应避免强光照射，并加大水流量，防止溶解氧过多。

2. 缺钙碎壳病

(1) 病因：循环过滤海水在长期使用后，由微生物分解产生的有机酸类逐渐增加，而呈现出弱酸性，使幼鲍的壳质（碳酸钙）溶解，并影响到珍珠层。

(2) 症状：幼鲍壳顶至中部的壳面受腐蚀而裸露珍珠层，壳变薄，发育不良。

(3) 防治措施：在过滤水塔的滤层中，添加压碎了的牡蛎壳，或在养殖用水中加入2～3 ppm的氯化钙。

第二节　太平洋牡蛎养殖

太平洋牡蛎（Crassotrea gigas）是广温广盐性贝类，其个体大、生长快、养殖周期短、产量高、肉味鲜美、营养丰富，是浅海养殖的重要贝类之一。目前在世界各地养殖发展十分迅速，1994年产量达96.6万吨，以日本、法国、美国、加拿大、澳洲、韩国和中国等为主，我国以山东、浙江、福建等省沿海为多。自1979年引进养殖以来，各地养殖产业发展较快，苗种生产技术也已经成熟，并获得了高产，成为当地贝类养殖的支柱产业。

一、形态特征与生物学特性

1. 分类地位

太平洋牡蛎在分类上属软体动物门（Mollusca），双壳纲（Bivalvia），牡蛎科（Ostreidae），巨蛎属（Crassostrea）。

2. 形态特征

外部形态：太平洋牡蛎在形态上变化较大，有长形、近圆形。壳较薄，右壳较平，鳞片坚厚，环生鳞片呈波纹状，排列稀疏，放射肋不明显；左壳深陷，鳞片粗大。左壳固着，壳顶固着面小。壳内面白色，壳顶内面有宽大的韧带槽，闭壳肌痕大（见图14）。

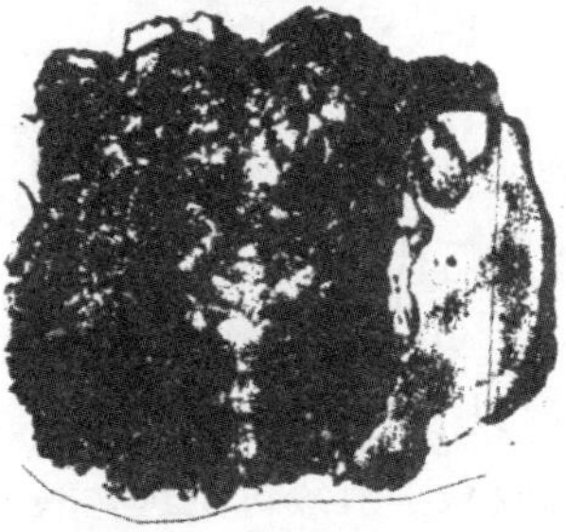

图14
太平洋牡蛎的外部形态

内部结构：主要由消化系统和循环系统组成，口在壳顶部附近，后接食道、鳃、肠、胃、消化盲囊和肛门等；循环系统由心脏等组成，壳周有外套膜及闭壳肌等（见图15）。

3. 生物学特性

本种有群居的习性，适盐范围10‰～37‰，最适盐度范围16‰～26‰；适温范围6～33℃，最适生长水温15～25℃，水温28℃以上，生长缓慢或停止。

4. 生活习性

为固着型贝类，固着于低潮线以下至20米深的岩石上，原产地为日本。我国于80年代初先后引进本种进行养殖获得了成功。目前分布于我国南北各海区。

二、种苗生产

太平洋牡蛎的繁殖季节在我国南北海域有较大的差异，黄渤海一般在6～8月，东南沿海一般在4～6月和8～11月。种苗生产一般在其繁殖季节进行。太平洋牡蛎的种苗生产除少数内湾海域因引进养殖年限较长，养殖密度较大，能形成自然采苗场，可进行海区的半人工采苗外，多数地区种苗来源主要靠人工育苗生产获得。

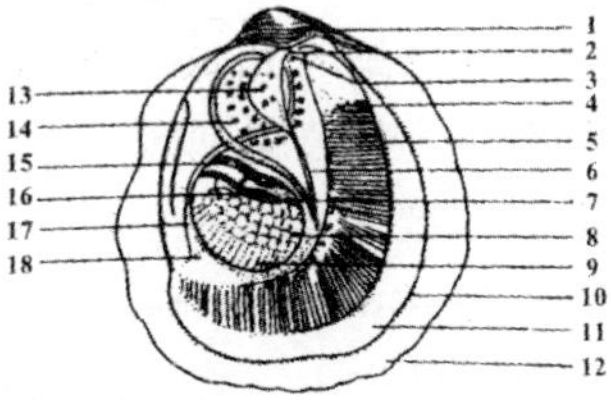

图15

太平洋牡蛎的内部结构

1. 左壳顶 2. 口 3. 食道 4. 唇瓣 5. 鳃 6. 肠 7. 心耳 8. 后闭壳肌横纹肌 9. 后闭壳肌平滑肌 10. 外套膜缘触手 11. 外套膜 12. 左壳 13. 胃 14. 消化盲囊 15. 围心腔 16. 心室 17. 直肠 18. 肛门

1. 亲贝的准备

育苗用的亲贝最好采用原产地日本引进的亲贝或由其培育的后代及逐年来人工育成的纯种贝，一般个体为壳高12 cm以上的2～3龄贝。亲贝均在收获季节经过挑选，装入网笼后在专用筏架上疏挂吊养。取用亲贝时，可直接从海区取来进行催产或移入较大水体的池内静水蓄养，以备日后当海区的亲贝排放后仍可继续用以催产。

2. 催产与孵化

主要采用解剖授精法和阴干升温流水刺激诱导催产法来获得受精卵。解剖法按一般常规进行。阴干升温流水刺激催产法适合于大水体催产育苗生产，其操作步骤为：首先清洗亲贝及其表面上的污损生物，然后阴干 12 小时，再将亲贝装入网笼，每笼放亲贝 15～20 个，吊入催产池中，按一定流量注入新鲜过滤沉淀海水，经流水刺激 2 个小时后，停止加水，亲贝将陆续排放精卵。

3. 幼体培育

亲贝在催产池产卵受精后，当胚胎发育至 D 型幼虫时，应进行幼虫筛选，即将池内上层 3/4 水体的幼虫放入育苗池内，其余下层及池底的 1/4 残卵或幼虫废弃。

D 型幼虫入池的培养密度为 15～20 个/ml，逐日加水 20～30 cm，每天换水 1/2。饵料为各种单胞藻类，如角毛藻、扁藻、环沟藻等。其投饵量为：D 型幼虫期一般 20 万细胞/ml，至壳顶幼虫时投饵量为 5 万细胞/ml，眼点幼虫为 2.7 万细胞/ml。应各种藻类混合投喂。

育苗期间，池水的各种理化因子应保持在：水温 25～30 ℃，比重 1.014～1.018，pH8.0～8.4，溶氧 4～6 mg/l。

4. 附苗器及其投放

当幼虫发育（一般培育 10～18 天）至 280～300 um，出现眼点及足时即开始投放附苗器采苗，附苗器主要采用扇贝壳、牡蛎壳和橡皮条等，贝壳用聚乙稀绳每 60 片穿成一串，长度在 60～100 厘米。采苗前先浓缩水体，然后将附苗器吊挂于池中，吊挂间距在 10 厘米左右，然后采用不断升降水位和轮翻倒置的方法使贝苗附着均匀及减少阴阳面附着量的差异，一般在 2～3 天内附着完毕。附着后的稚贝一般在育苗池内暂养一段时间至 10 月下旬后即可下海吊养，因 10 月中旬之前海区有附着生物如藤壶等大量繁殖，影响稚贝成活及生长。

三、养成

1. 养成场的选择

养成场应具备以下几个方面的条件：

(1) 海区潮流畅通，风浪较小；

（2）底质为泥或泥沙且倾斜度较小；

（3）浅海水深3～10米之间；

（4）水质良好，无工业污染源；

（5）透明度在40～150厘米；

（6）有适量的淡水注入，盐度周年变幅在19%～30%之间；

（7）有较为丰富的营养盐及饵料生物。

2. 养殖方式及设施

太平洋牡蛎的养殖方式主要有筏式养殖、延绳式养殖和固定式养殖等三种吊养方式。筏式养殖和固定式养殖适应于风浪较小、潮流较缓的内湾，延绳式养殖可以用于风浪较大、潮流畅通的内外海区。

（1）筏式养殖

筏式台架规格为长方形结构，面积在60～100平方米，用毛竹制成，用聚乙烯绳捆绑，四周有若干木桩固定，每台筏使用6～8个泡沫浮桶承载整个筏架的重量，每台筏吊养牡蛎300～400串，每串10～15个贝壳。台与台间距10米，4台为1区，区与区之间要保持30米的距离。

（2）延绳式养殖

每台架长60～70米，宽5米，顺潮流设置，用6根5米长的聚乙烯绳为横档作为固定作用，两端桩脚间距100米，另外两端桩脚间距5米。采用泡沫塑料或塑料废料作为浮球，每台架吊养苗种约500串。延绳台架布局及间距同筏式养殖相似。

（3）固定式养殖

固定架为长方形结构，长40米，宽8米，采用的器材包括固定木桩、缆绳、吊绳等。木桩为木麻黄树杆，每根长2～4米，打入滩底0.6米，桩间距和排间距均为4米，木桩上端用直径约1 cm的聚乙烯缆绳相连，一般每个固定架可吊养苗种约500串。

3. 种苗选择及暂养

苗种的好坏直接关系到养殖的成败，在苗出仓时，一要检查每片贝壳附苗是否均匀，一般每个贝壳附苗量在10粒以上的应占90%以上；二要检查苗体是否会脱落，健壮的种苗应为黑褐色，不易脱落，而劣质的苗多呈白色，易脱落。种苗下海时应根据各地海区的污损生物繁殖情况而定，原则上应避免在污损生物繁殖高峰期下海。多数海区的附着生物在10月中旬以后逐渐消失。另外，刚出仓的种苗应每5串绑在一块，以减少附着生物及节省生产成本。幼苗一般在海区暂养2~3个月，个体达2厘米时就应该分苗疏养，达到养成的合理密度范围以利于生长。

4. 养殖管理

养成管理工作主要有：

（1）安全巡查：检查养殖器材及设备如缆绳、浮球、木桩、苗绳、毛竹等是否牢固，发现问题及时解决；

（2）防贝苗掉串及碰撞：经常检查，防止贝苗掉串、串与串之间绳子互相缠绕及贝与贝之间碰撞等；

（3）及时疏养及增加浮力：在贝苗的生长过程中，贝体会越来越大，重量逐渐增加，因此应及时进行分苗疏养，必要时增加浮力以满足生长需要。

（4）防台风：在台风来临之前，应及时做好防风措施，如采取加固台架的方法或采用增减浮力使台架能升降的办法来避开台风的袭击。

（5）做好水质、饵料生物观测及生长记录：应定期进行水质理化因子、饵料生物及生长的观测并做好记录。

太平洋牡蛎种苗在下海后经过9个月至1年的精心管养，即可达到8~12厘米的商品规格，产品可陆续收获及上市。

四、病害防治

太平洋牡蛎在养殖过程中的主要病害是各种污损生物及敌害生物的防治。

1. 主要污损生物、敌害生物的种类及其危害

（1）附着在贝体表面及周围的污损生物及敌害生物有：薮枝螅、藤壶、海鞘、龙介虫、海葵、沙蚕、涡虫、苔藓虫等，主要的危害是与牡蛎争夺附着空间及饵料生物，影响栖息及生长，尤其藤壶及海鞘的数量最多、危害最大。

（2）凿孔而穴居的生物有：某些多毛类如华美盘管虫、凿贝才女虫及纤毛长额虫等，能分泌腐蚀贝壳的物质，蚀透贝壳，钻孔而穴居，影响贝体生长，有时会危及贝体生命。

（3）寄生生物有：如各种豆蟹，能寄生于鳃或体腔中，可影响牡蛎的摄食及生长。

（4）食贝生物：如荔枝螺、玉螺、红螺、骨螺等的一些种类，它们往往有群居性，能从口里分泌酸性物质，把贝体溶化出一个小洞，再伸出齿舌，吞食贝肉。其他尚有一些直接吞食类的敌害生物，如青蟹、梭子蟹、河豚等，尤其对贝苗危害最大。

（5）赤潮：水中各种赤潮生物的大量繁殖可造成各种不同程度的危害。

2. 防治措施：

（1）附着生物的防治：

①避免在附着生物的繁殖高峰期下海。

②在养殖管理过程中不宜冲洗，让壳面及附着器上保持一层浮泥，使污损生物难以附着，可取得一定效果。

③日光暴晒法：利用牡蛎与其他附着生物致死临界温度的差异，除去附着生物。

④淡水浴法：将牡蛎台架用船拖到河口水域，薮枝媳、海鞘、龙介虫、海葵、沙蚕、苔藓虫等绝大部分附着生物在淡水中浸泡 5～8 小时即会大批死亡，而牡蛎不受影响。

⑤调节水层及倒置法：因附着生物大部分在上层，在附着生物多的季节，可将牡蛎调至低水层来减少附着生物，也可以将上层已带有附着生物的牡蛎倒置到下层，减少附着生物。

（2）食贝生物的防治：经常捕捉及清除食贝生物，必要时用适当的药物处理。

第三节　泥蚶养殖

泥蚶俗称“血蚶”，为埋栖性贝类，我国沿海均有分布。其肉味鲜美，营养价值高，是我国滩涂贝类的主要养殖种类之一（见图 16）。

一、养殖生物学特性

泥蚶喜生活于风浪平静的内湾泥滩中，幼体的埋栖深度为 1～2毫米，成体的埋栖深度为 1～3 厘米。

泥蚶对海水比重的最适生长范围为1.010～1.018（蚶苗为1.015～1.020），即其生长场所为半咸水海区；其最适生长水温为15～28℃。

在广东，泥蚶的繁殖期为8～12月，盛期为9～11月。

二、种苗生产

泥蚶苗的生产方式主要有采捕自然苗和人工育苗两种，目前生产上以前者为主。

（一）自然苗采捕

1. 自然苗场的环境条件

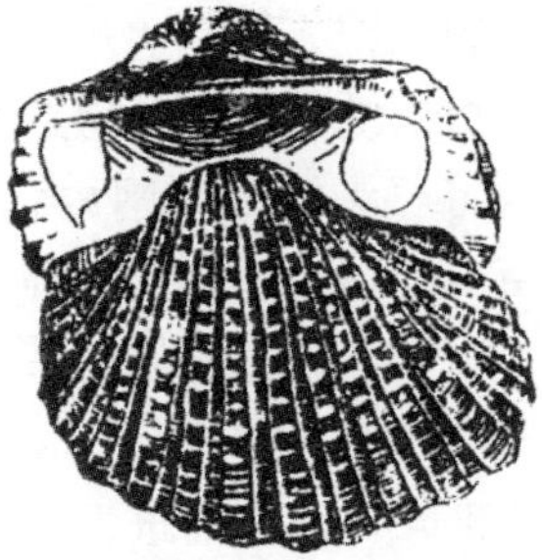

图16　泥蚶

蚶苗主要分布于滩涂平坦、风浪较小、有适量淡水的内湾，以中、低潮区交界并且退潮时不积水、底质半泥半沙表层松软处为佳。另外，在繁殖季节无风、无暴雨、无烈日曝晒则有利于蚶苗发生。为了提高附苗量，也可采取必要的人工增殖措施，如在繁殖盛期人工平整滩涂、清除浮泥、防滩面积水、留足一定数量亲蚶、禁止人畜入内践踏等。

2. 采苗季节　我国南方产卵期较长，从白露至小雪均可采到苗，但不同时期蚶苗数量和质量有差异。广东群众根据采苗时间不同将蚶苗分为如下几种：

（1）秋仔：每年7～8月发生，9月可采苗，这批苗数量少。

（2）降仔：每年9～11月发生，10月开始采苗，这批苗呈乳白色，其数量多、质量好。

（3）冬仔：每年11月至翌年1月发生，12月开始采苗，这批苗呈红褐色，其数量不多，但质量较好。

（4）春仔：每年1月发生，2月开始采苗，这批苗呈淡红色，其数量不多，体质也弱。

上述蚶苗中降仔、冬仔颗粒壮大、质量好、数量多、成活率高，是养殖的优良苗种。

3. 探苗　为了能充分掌握采苗时间、地点及合理组织劳力，在采苗前应进行探苗，以便摸清蚶苗的分布情况。方法是用刮蚶苗的手网（手靴）在蚶苗场刮取 2～3 毫米深的表层泥，洗去细泥，淘出蚶苗，并按取样面积大小计算出单位面积个体数，求出苗场蚶苗的蕴藏量，便可着手做采苗的准备工作。

4. 采苗　采苗是利用网具将栖息在海滩上的蚶苗采集起来。其方法有如下三种：

（1）干潮采苗法：在退潮后进行，此法有两种，一种是操作者一腿跪在泥马上，一脚蹬泥滩滑溜，手持刮苗手网（手靴）刮取表层泥，边刮边甩，甩去网内稀泥，待刮至约 1/3 袋时，到积水坑内洗去泥沙便得蚶苗。另一种方法是左手持手网，右手拿刮板将表层泥刮入网内达一定数量时，在海水中洗去泥土便得蚶苗。蚶苗集中倒入木桶内。

（2）浅水采苗法：在涨潮或退潮过程中，蚶苗场尚有 30～70 厘米深的水时进行。采捕者双手握住推网把手使网口紧贴滩面，一推一拉涉水前进，将表层 2～4 毫米的泥层推入网内。操作时要重推轻拉，即能采到蚶苗又能淘洗去泥浆。当捞到一定数量时把蚶苗洗净，倒进系在采捕者腰部的蚶桶内。

（3）深水采苗法：是在满潮时用船拉着拖网进行采捕的方法。每拖到一定数量后，将网提到水面，摇荡网具洗去泥浆，然后将蚶苗倒入木桶中。

上述三种方法如灵活交替进行，可延长采捕时间，提高采苗效率。

采捕过程中蚶苗虽经初次冲洗，但仍夹杂有大量的其他杂质包括敌害生物等，必须进一步清除。一般选择水深 0.3 米左右、底质硬、水清流畅处，将带有杂质的蚶苗装入桶中，数量为桶容积的 1/5，置海水中倾斜桶口，缓缓地灌入海水，达桶容量的 4/5 时，用手翻动并淘洗，除去污泥，直至看清蚶苗为止。然后倒入仓中，先用大筛后用小筛逐次筛洗分离蚶苗和杂质，最后再用竹箕在水中淘洗，除去砂和凸壳肌蛤等而得到较纯净的蚶苗。

5. 蚶苗的暂养

采苗场地如果离中间培育场较远时，采得的蚶苗应进行暂养，以便储备到一定数量时，集中运往中间培苗场。另外，刚采到的蚶苗，个体小体质弱，不适于长途运输，通过暂养可使蚶苗适应密养生活。暂养场要选在离采苗场较近、底质较软、泥深10～20厘米、海水比重1.015～1.020之间、潮流畅通、风浪较小和敌害生物少的滩涂。暂养前要做好场地的整理工作，进行清场、整平，周围围以竹箔。在未完全退潮时带水播苗，每亩播苗量1 000～5 000万粒左右。暂养一个月后可进入中间培育。暂养期的管理工作与后述的蚶苗中间培育相同。如采苗场与中间培育场距离较近，也可不经过暂养阶段而直接进入中间培育阶段。

（二）人工育苗

1. 亲贝的选择与培育　在泥蚶繁殖季节选择2～3龄、个体大小整齐、性腺发育好的个体作亲贝，经洗净，移至室内水泥池中精养，密度为每平方米2～3公斤。每天换水1～2次或流水培育，水深保持50厘米左右。投喂扁藻或牟氏角毛藻或辅以酵母、淀粉等。亲蚶经一周至半个月培育，性腺充分发育后即可催产。

2. 催产　将成熟亲蚶洗刷干净，在12～17 ℃条件下刺激6～20小时，继而放入常温的催产池中进行流水刺激；在阴凉处干露8～10小时，再放入催产池中进行流水刺激，均可促使亲蚶排放精卵。

3. 人工授精　由催产手段获得的成熟卵子，经筛绢过滤后置于容器内（玻璃缸等）。加入适量精液，搅拌均匀，静置约半个小时后，去除上层液，清除剩余的精子和不成熟卵等杂质，然后加入过滤海水，待卵沉淀后再倒掉上层海水，这样重复清洗2～3次。卵子受精后约13～14小时发育为D型幼虫。授精时要求水温27～29 ℃，海水比重1.015～1.018。

4. 幼虫培育　幼虫培育池多为水泥池，一般为2～5立方米，大的20多立方米。将上浮的D型幼虫移人培育池内培育，培育密度为8～10个/毫升，培育用水为过滤海水。每天搅拌4～5次，每次10～15分钟。幼虫入池的第一天加水至水体的2/3，第2天开始换水，换水量为水体的1/3。以后每天换水1次，每次换水量为水体的1/3～1/2。如用流水培育代替上述的换水，效果更好。换水或流水培育均需用换水器过滤陈水，防止幼虫流失。

D型幼虫期以金藻为饵料，开始时日投喂量为每毫升水体1

万个金藻，以后每日增加 1 万个/毫升。壳长达 120 微米以上时，加投扁藻。壳顶后期以金藻、扁藻、牟氏角毛藻混合投喂。为使水质稳定，可分多次投喂。

大约培养半个月后，当幼虫体长达 160 微米以上时，将进入变态附着期，由浮游生活转入底栖生活，需移入铺有泥沙附着基的稚贝培育池中培育。

5. 稚贝培育　向稚贝培育池中泼洒经筛绢过滤处理的细泥浆，待泥浆沉淀后，移入稚贝继续进行流水培育，培育密度为每平方米 20 ~ 25 万粒。培育水位控制在 10 厘米左右，每 7 天换底质 1 次。每天投喂扁藻 3 000 ~ 5 000 个/毫升、牟氏角毛藻 25 000 个/毫升、金藻 30 000 个/毫升。稚贝长至体长 500 微米时，可移入土塘过渡培育，经越冬后再移至海区进行中间培育；也可在原池继续培育至 1 毫米以上时，直接移到海区进行暂养和中间培育。从受精卵至稚贝培育的育苗周期约一个半月时间。

（三）蚶苗的中间培育

1. 培育场地的选择　中间培育场的条件：风浪平静、潮流畅通的中潮区及低潮区上部；底质软泥深度 20 ~ 30 厘米，其表层呈灰黄色或黄褐色；海水比重 1. 015 ~ 1. 018。

2. 场地整理场　地选好后，要划区分片，一般每个培育区面积 5 ~ 10 亩，并将其顺流划分为 0. 1 ~ 1 亩的长条形畦，畦宽 4. 5 ~ 6 米，长度不定。畦与畦之间每隔 0. 5 米挖一小沟作为通道和排水用。场地滩面经平整后，每亩可用 250 克鱼藤精或茶饼 2. 5 公斤毒杀敌害生物，以提高蚶苗成活率。场地消毒后，在播苗前 1 ~ 2 天用小钉耙将埕地耙松，再用压板压平，插好标志，以便于播苗。

3. 播苗　播苗前应检查苗种质量，好的蚶苗一般呈白色，壳面上带有赤色，如无赤色则是不健康的表现。如有臭味，且少数壳顶发黑，说明蚶苗放置时间过久，质量不好。除了选用好的种苗外，对混杂在蚶苗中的敌害生物也要进行清除。

接着要做的工作是确定播苗量。播苗量应根据苗种大小、埕地条件和苗源情况而定，一般未经暂养的蚶苗，其播苗量为1 200 万粒/亩以上，已经过暂养的为 800 ~1 200 万粒/亩。为切实掌握播苗量，应对蚶苗进行计数。可将蚶苗混合均匀，在不同位置取样少许，共称取100克（小苗可称50克），数其个数，最后称出全部蚶苗总重量，即可依下式计算出蚶苗的总粒数：

$$蚶苗数量（粒）=\frac{粒}{克}\times 1\,000\times 总重量（公斤）$$

播苗方法有干潮播苗和浅水播苗两种。干潮播苗是在退潮干露时，播苗者在畦间排水沟一边行走一边将蚶苗均匀撒在埕地上；浅水播苗是将蚶苗装在小船上运到埕地，按场地分幅标志，从船上将蚶苗往水面撒播，苗即下沉至滩面。但水流较急或风浪大时不宜用此法。

4. 管理　包括防灾防害、定期清场疏散等。

（1）防晒：在春夏交替的小满和芒种（5月下旬至6月上旬），水温变化大，尤其在低洼积水处经日晒后水温会急剧上升，容易引起蚶苗的大量死亡。因此，要做好疏通沟渠、填平洼地等工作，以防退潮时滩面积水。

（2）防咸避淡：白露雨水少，若培育场海水比重增至1.020以上时，可移苗至上游有淡水注入的场地防咸；在雨季，若海水比重连续5天降至1.008以下，就要移苗至下游比重较高的场地避淡。

（3）定期清场疏散：蚶苗培育期间，一般要清场4～5次。清场的作用：一是锻炼蚶苗的体质；二是清除敌害生物；三是随着蚶苗的逐渐长大，需进行相应的扩场疏养。其做法是将全部蚶苗捞起，淘洗掉杂质和有害生物，然后把场地重新压平，播下处理过的纯净蚶苗。播苗密度1月每亩900万粒，2～3月每亩400～500万粒，往后逐步减少。小满、芒种期间，适春夏交替之际，温度变幅大，搬运蚶苗易造成其死亡，一般不宜进行操作。在清场过程中，应把蚶苗的敌害底栖生物如凸壳肌蛤、玉螺、红螺、蟹类、浒苔等清除掉。经过一年的培育，每400～1 000粒蚶苗重1公斤，即如黄豆大小时，称为蚶豆，就可进入养成阶段。

三、泥蚶的养成

将蚶豆养至翌年的小雪（11月），每60～120粒重1公斤的商蚶的过程，叫养成。养成的时间一般为12～15个月。

1．场地的选择

养成场的条件基本上与蚶苗场类似，要求选在内湾两侧、潮流畅通、地势平坦且有少量淡水注入的中低潮区滩涂；底质以含泥90%、含沙10%左右的软泥为好；海水比重1.008～1.020。

2．蚶场的整理

场地选好后，在四周挖一圈排水沟，利用挖出的泥土筑成一条高30厘米、宽50厘米的围堤，防蚶逃散。如面积较大，要分成若干块，每块为一亩至数亩，呈方形或长方形，在蚶田之间挖浅沟作为排水、操作走道。蚶田滩面要经翻土耙干、无积水。放养前要消毒杀死敌害生物。

3．放养

放养密度视蚶豆大小和海区条件而定，以预期收获时每亩成活30万粒左右、产量为1 500～2 000公斤较为适宜，一般每亩可播30～40万粒。宜在大潮期间早晚退潮时进行，方法为人在沟中一边行走一边把蚶豆均匀撒播在蚶田上。

4．管理

养成期的管理工作包括防淡、防暑、防敌害等工作。雨季时可在蚶田上游或上端修筑分坝和排水沟，引导洪水不经过蚶田，并防止淤泥沉积。夏季要填平蚶田内的低洼处，并疏通沟渠，使退潮时蚶田不积水。如发现凸壳肌蛤、红螺、玉螺、蟹类、浒苔等危害较大的敌害生物，要组织劳力清除，必要时也可围上竹箔或网片，防止敌害生物入内。

四、泥蚶的收获

泥蚶壳长达2.5厘米以上、每公斤约120粒时即达商品规格。广东的收获季节一般在立冬至翌年清明，尤其小寒至大寒期间，泥蚶虽生长较慢，但肉质肥嫩，口味较佳且易于运输。

收获多在满潮时，人在船上使用蚶耙捕捞。蚶耙为附有网的铁耙，人握蚶耙柄将蚶刮入网袋中，抖去涂泥即可。蚶捞起后再用蚶筛除去杂质、死贝壳、鱼虾等杂物，便可销售。如需运往外地销售，可用透气性较好的麻袋或草袋进行包装，每包25～50公斤，在气温较低（11～13 ℃）的情况下，可保持15天以内不致死。

第四节　西施舌养殖

一、形态特征与生物学特性

西施舌隶属于蛤蜊科双壳类软体动物，福建沿海一带俗称“海蚌”，粤东地区俗称“红卵”。其贝壳大多呈三角形，很薄，壳高约为长的4/5，宽约为长的一半。壳顶位于贝壳中央稍靠前方。壳顶前方略凹，后方较为凸出，腹缘圆。壳表具有黄褐色发亮外皮，顶部为淡紫色，生长纹细密、明显。

本种为太平洋西部分布较广的种类，印度半岛、中国沿海、日本都有分布。一般生活于潮间带下至10米水深左右的浅海，底质以细沙为主。适应水温为8～30℃，最适水温17～27℃；适应盐度为15.61‰～31.68‰，最适盐度为20.16‰～28.57‰。其繁殖季节一般在春夏之间，福建至广东沿海为4～7月。

生长在自然海区的个体，满一年的壳长可达4～6厘米，体重为20克左右；满2年的壳长可达8～9厘米，体重为110克左右；满3年的壳长可达10～11厘米，体重为140～150克。

二、种苗生产

1. 亲贝选择

在每年4～7月的繁殖季节里，选择生殖腺较饱满的3～4龄的西施舌作为亲贝。

2. 采卵和孵化

将亲贝壳表清洗干净，采用人工诱导排放法或解剖法获取精卵。为了减少亲贝用量，保护自然资源，提高受精率、孵化率，生产上一般采用诱导排放法。其常用方法及步骤如下：

（1）阴干加流水刺激法：将性成熟的亲贝阴干2小时左右，流水刺激2～3小时。

（2）阴干加升降温刺激法：将性成熟的亲贝阴干2小时左右，在1小时内升高水温3～4℃，然后更换常温海水，间隔1小时后再升温。

当多数受精卵出现第一极体时，采用沉淀方法排除中、上层海水，并更换新鲜过滤海水，经连续若干次重复洗涤，除去多余精子，使胚体在悬浮状态下孵化。水温保持在 23～28 ℃，受精卵经 6～8 小时发育成担轮幼虫，16～18 小时发育成 D 型面盘幼虫。

3. 幼虫发育

(1) 培育条件

水温 17～28 ℃，最适温度 20～24 ℃；一般适应盐度在 15.6‰～31.68‰，最适盐度为 20.16‰～28.57‰；溶解氧应保持在 4 毫升/克以上；光照在 200 勒克斯左右。

(2) 选优培育

可进行 1～2 次选育，分别对担轮幼虫采用虹吸法和对 D 型面盘幼体采用 300 目网箱拖网办法，将水体上、中层幼体移入装有新鲜过滤海水的培育池中培育，淘汰发育较慢、活力差的幼体。

(3) 培育密度

一般在 1～5 个/毫升，在充气、换水条件较好的情况下可适当提高。

(4) 充气

一般应保持 24 小时充气。

(5) 换水

每天换水 1～2 次，每次换水量为水体的 1/3（初期）～1/2（后期）。

(6) 倒池与清底

为了较彻底地清除池底及水体的残死饵、死亡幼虫、代谢产物和敌害等，幼虫培育过程中需进行倒池 2 次左右，并用清底器定期清底。

(7) 投饵

饲育饵料为金藻、角毛藻、扁藻等，混合投喂效果较好。初期（D 型面盘幼体）以个体较小的金藻、角毛藻为饵料，日投饵量为每毫升培苗水体下 1～2 万个，当大部分幼体壳长达 130 毫米后，每毫升海水加投扁藻 3 000 个。每天投饵次数约 4～5 次。在适宜条件下，幼虫经过 11～13 天即可变态为稚贝，转入底栖生活。

4. 稚贝培育

当大部分个体壳长达到 200 微米时应投放附着基，附着基为

0.15～0.60毫米的细沙，做附着基用的细沙经反复淘洗、消毒后铺设于稚贝培育池底，沙层厚度为0.5～1厘米，然后注入过滤海水，即可将幼虫移入池内附着。

幼虫附着后即转入底栖生活。当大部分幼虫附着后，一般采用流水培育。

饵料种类与幼虫培育相似，投饵量视附着密度等作相应调整。

当稚贝在室内培育至3毫米以上时，一般要移到室外水池进行中间培育，在我国南方的广东等地海域，为避开夏季台风及高温期，一般需培育至9月份后才转入养成阶段，此时中间培育的稚贝平均壳长可达到2厘米以上，即可收苗进入养成阶段。

三、人工养殖

西施舌的人工养殖方法有围网及池养两种。

（1）低潮区围网养殖

选择地势平坦、风浪较平静、潮流畅通、底质以细沙为主及其他理化条件合适的低潮带海滩，经清理和平整后，打桩围网进行播苗养殖。网片用6～8号尼龙线编织而成，网目2～4厘米，网片高120厘米。将网片底网埋人沙中35～40厘米；上网应拉直绑在桩上。每亩可放养1～2龄贝苗500～1 000公斤。养殖18个月后，壳长达9厘米以上的商品规格时，即可收获。

（2）中潮区筑池养殖

选择理化条件适宜、风浪平静的潮间带中潮区建池。池底铺30～40厘米细沙，水深1米左右，进、排水闸各设两道闸槽，外槽装闸板，内槽装过滤网。滤水网片网目为4～5毫米。每亩可放养1～2龄贝苗500公斤左右。大潮期间每日换水1～2次。在雨季里当池内表层海水比重降至1.010时，应采用换水或加盐等措施以调节海水盐度至适应范围内。夏季应在池面搭棚遮荫。

四、敌害防治及收获

养殖期间的敌害生物及污损生物主要有玉螺、红螺、海星、荔枝螺、虾蟹类、藤壶、海鞘及浒苔等，可在大潮退潮时捕捉和清除。

收获方法：一般在大潮退潮时，用短柄铁锄或铁耙翻沙，逐个采收，也可在池水排干时，通过观察西施舌的出入水孔，直接用手挖取。

第八章　藻类养殖

江蓠的养殖

一、江蓠的形态特征与生物学特性

1. 分类地位：

江蓠是红藻门真红藻纲杉藻目江蓠科江蓠属的植物。我国江蓠属的种类很多，其中人工养殖的是江蓠属的2~3种，主要有细基江蓠、真江蓠、菊花江蓠等。

2. 形态构造：

江蓠体直立，丛生，一般高10~50厘米，最大的可达1米，藻体鲜紫褐色，有时略带绿色或黄色，干燥后呈褐色。体质软骨质，线形，圆柱状，基部有一盘状固着器。一般都有一及顶的主干，枝多伸长，裸露或鞭状或密被有短的或长的小枝，向各个方向互生或偏生，一般没有分叉现象。

3. 生态习性：

我国养殖的江蓠属于温带性海藻，一般生长在潮间带或低潮线附近，在风平浪静、潮流通畅、地势平坦、水质肥沃的内湾海区生长尤为旺盛。大多数附在石块、沙砾、珊瑚及贝壳上。江蓠喜阳光，因此筏式养殖时，在水表面附近生长的比水深处生长的要好。江蓠对密度的适应性较大，但最适密度范围是1.010~1.020千克/米^3。有淡水经常流入的海区，生长很繁盛。

最适宜生长的水温为15~30℃，低于10℃则生长缓慢，超过35℃停止生长，藻体萎缩，颜色有的变黑，也有的蜷曲，且逐渐发生顶端腐烂甚至死亡，华南沿海在3~5月为繁殖盛期。

比重在1.005~1.015范围内都适宜江蓠的生长，比重低时藻体颜色多，呈黄绿、呈松散状。比重在1.020以上藻体生长缓慢，但不会死亡。海水的酸碱度对江蓠的生长影响较大。pH值低于6.5

时逐渐死亡，最好稳定在7以上，以8.0左右最为适宜。江蓠对光照强度的要求较高，在冬季水深可浅到20~30厘米，使藻体充分吸收阳光来进行光合作用，加速生长，在夏季水深应保持在50厘米以上，可以使水温不会很快升高，光照也不需要很强。

二、江蓠的人工栽培

1. 生产场地的选择与建立

目前在华南沿海多利用围海造田所形成的荒废水域及产量较低的盐田和荒废的鱼塭，将之改建成人工栽培江蓠的场地。如果池水的pH值在6.5以下，必须在投放种苗以前撒下石灰，使pH值达到8.2左右。

水池以沙泥底质为宜，这样就可以保证有适当的淡水流入。修建围堤、闸门及进排水沟，以便控制海水及淡水的进入和排出，以调节水的比重在1.010左右。

2. 投放种苗及日常管理

（1）地播式养殖

在华南沿海地区，人们多在秋季或春季投放江蓠种苗，这时候水温在20~30℃之间，适合藻体生长。投放种苗以后，由于江蓠呈半悬浮状态生长，为了防止藻体被风浪吹向一边，往往在池中插上一些小竹竿，将藻体均匀地隔开。一般每公顷水塘要投放种苗3.5吨左右，尽量撒布均匀。

（2）潮间带网帘夹苗养成

在潮间带浅滩上选择较为平坦而又稍有积水的场所，每隔一定距离打入一个小木桩，用以固定长8米、宽1米的维尼纶网帘，网目的大小为15×15 cm，在每一个网目打结的地方夹一簇江蓠幼苗。在网帘的两端各绑一条长1.2 m的小浮竹，中间再绑上2~3条，这样，网帘便伸展成长方形了。当潮水退下后，网帘便贴在浅滩上，江蓠可以吸收到浅滩上的积水，不至于因露空时间长造成死亡。潮水上涨后，网帘又可以浮上水面，江蓠充分吸收日光进行光合作用加速生长。

①取苗：一般江蓠幼苗长到5~6 cm以上时，即可取下。可用竹筐运到养成场地，但要避免阳光直射和露空干燥。

②夹苗：一般在树苗下或棚下进行。夹苗时，只要网扣夹住

江蓠藻体的中部即可，夹得不能太紧也不能太松。一般一边夹苗，一边下海绑网帘。

（3）浅海浮筏夹苗养成：目前常用的是双架式浮筏。每台浮筏两边各用一条长 28 m 的聚乙烯缆绳作浮绠，在浮绠的两端 4 米处各绑以直径约 10 cm、长 2.2 m 的粗浮竹。在两端的浮竹上绑苗绳 2 m 处绑一细竹，使苗绳能保持相同密度排放，不致混乱。浮绠的两端绑在固定在海底的木桩上。

在苗绳上每隔 10 cm 夹一簇江蓠幼苗。近几年来，随着养殖技术的提高和改进，往往在浮绠上再加挂吊下式苗绳，绳长 1.5 m 左右，绳距 30 cm，这样充分利用水体，产量也可进一步提高。

（4）潮间带整畦散苗养成和拉绳夹苗养成

①潮间带整畦散苗养成

在华南，一般江蓠幼苗培养到秋季冬初，随着水温的降低迅速生长，藻体到 5～6 cm，以上的时候，便可在浅滩上整畦进行散苗养成。这种养成方法就是把浅滩加以适当整理，清除杂藻，然后，把江蓠幼苗连同原生长基如石块、贝壳、碎珊瑚等较整齐地播在浅滩上，进行养成。散苗时，每个生长基间的距离为 30～40 cm，排成菜畦状，这样管理方便。

②潮间带拉绳夹苗养成

这种方式和网帘夹苗养成差不多，只是不用编制网帘，把维尼纶或聚乙烯绳子绑在长 1.2 m 的浮竹上。每隔 10 cm 左右绑一条，排成一个长 8 m 的长条帘，在长条帘的中间，再绑上 2～3 条小浮竹，使长条帘定型，并在涨潮时帮助帘子上浮。在维尼纶或聚乙烯绳上，每隔 10 cm 夹一簇江蓠幼苗。浮竹的两端各绑一条 120 股线的聚乙烯绳作为浮绠，浮绠的两端固定在小木桩上。

（5）日常管理

日常管理工作中，最主要的是经常观察藻体生长情况。如果颜色不正常，就要分析原因，是肥料缺乏，还是比重不适，还是光照强度不够。了解清楚后，及时进行调整处理。如果发现浒苔、水云、丝藻等，要及时清除，以免大量繁殖，吸收肥料，争夺地盘，影响江蓠产量。通常风雨过后，要注意水的比重变化，如果比重过低，则要引进海水，加以调节。如果由于地质为酸性而使水的 pH 值降低，则要换水或投放石灰，进行 pH 值的调整。

在栽培过程中，附泥危害也是严重的，要及时冲洗。

（6）江蓠的收获与加工

因江蓠的养殖方式方法的不同，收获方法也不一样。一般经过 3 个月左右的养成管理，达到了商品规格，就可以收获了。采用潮间带或浅海浮筏式夹苗养殖或网帘夹苗养殖的江蓠，可直接用手从网帘上、苗绳上拉下来，放人箩筐中，运往岸边，拣去杂藻，洗去附泥，运到沙滩草地上晒干即可，为了提高质量也可以用淡水漂洗后再晒干，前者晒干的成品色淡黑或绿褐色，后者为浅黄色。

在水塘中养殖的江蓠，一般生长数量多了，即进行收获。每隔 1 ~2 个月收获一次，每次保留一定量的种苗。捞起来的江蓠首先拣去杂藻，再用淡水冲洗，而后撒在塘边直接晒干，也有的不用淡水冲洗而直接晒干的，前者质量好，后者质量差些。

江蓠一般都用来制造琼胶，经过碱处理→洗涤→醇化→漂白→煮胶→过滤→冷却→滤液→推条→冷却或压榨→干燥→捆条或粉碎→包装等程序，即成琼胶产品。

江蓠由于生产方法简单，单位面积的产量较高，产值也高，因此生产发展相当迅速。预计在不久的将来，华南沿海的海水养殖品种中，江蓠生产将占极为重要的地位。

附录一

海水盐度—比重换算表

盐度	比重	盐度	比重	盐度	比重
1.84	1.0014	4.26	1.0033	6.74	1.0052
1.91	1.0015	4.40	1.0034	6.88	1.0053
2.03	1.0016	4.52	1.0035	7.01	1.0054
2.17	1.0017	4.65	1.0036	7.14	1.0055
2.30	1.0018	4.78	1.0037	7.27	1.0056
2.43	1.0019	4.92	1.0038	7.40	1.0057
2.56	1.0020	5.05	1.0039	7.54	1.0058
2.69	1.0021	5.17	1.004	7.67	1.0059
2.83	1.0022	5.31	1.0041	7.79	1.006
2.95	1.0023	5.44	1.0042	7.93	1.0061
3.08	1.0024	5.57	1.0043	8.06	1.0062
3.21	1.0025	5.70	1.0044	8.19	1.0063
3.35	1.0026	5.83	1.0045	8.31	1.0064
3.48	1.0027	5.96	1.0046	8.45	1.0065
3.60	1.0028	6.09	1.0047	8.59	1.0066
3.73	1.0029	6.22	1.0048	8.71	1.0067
3.87	1.0030	6.36	1.0049	8.84	1.0068
4.00	1.0031	6.49	1.005	8.97	1.0069
4.13	1.0032	6.62	1.0051	9.11	1.007
9.24	1.0071	11.86	1.0091	14.49	1.0111

续表

盐度	比重	盐度	比重	盐度	比重
9. 37	1. 0072	12	1. 0092	14. 61	1. 0112
9. 51	1. 0073	12. 12	1. 0093	14. 75	1. 0113
9. 63	1. 0074	12. 26	1. 0094	14. 89	1. 0114
9. 76	1. 0075	12. 39	1. 0095	15. 01	1. 0115
9. 89	1. 0076	12. 52	1. 0096	15. 15	1. 0116
10. 03	1. 0077	12. 65	1. 0097	15. 28	1. 0117
10. 6	1. 0078	12. 78	1. 0098	15. 41	1. 0118
10. 28	1. 0079	12. 92	1. 0099	15. 53	1. 0119
10. 42	1. 008	13. 04	1. 01	15. 67	1. 012
10. 55	1. 0081	13. 17	1. 0101	15. 81	1. 0121
10. 68	1. 0082	13. 31	1. 0102	15. 93	1. 0122
10. 81	1. 0083	13. 44	1. 0103	16. 07	1. 0123
10. 94	1. 0084	13. 57	1. 0104	16. 2	1. 0124
11. 08	1. 0085	13. 7	1. 0105	16. 33	1. 0125
11. 2	1. 0086	13. 84	1. 0106	16. 46	1. 0126
11. 34	1. 0087	13. 96	1. 0107	16. 59	1. 0127
11. 47	1. 0088	14. 09	1. 0108	16. 73	1. 0128
11. 6	1. 0089	14. 23	1. 0109	16. 85	1. 0129
11. 73	1. 0090	14. 36	1. 0110	16. 98	1. 013
17. 12	1. 0131	19. 47	1. 0151	22. 38	1. 0171
17. 25	1. 0132	19. 88	1. 0152	22. 50	1. 0172
17. 38	1. 0133	20. 01	1. 0153	22. 64	1. 0173

续表

盐度	比重	盐度	比重	盐度	比重
17. 51	1. 0134	20. 14	1. 0154	22. 77	1. 0174
17. 65	1. 0135	20. 27	1. 0155	22. 90	1. 0175
17. 77	1. 0136	20. 41	1. 0156	23. 03	1. 0176
17. 90	1. 0137	20. 53	1. 0157	23. 16	1. 0177
18. 04	1. 0138	20. 66	1. 0158	23. 30	1. 0178
18. 17	1. 0139	20. 80	1. 0159	23. 42	1. 0179
18. 30	1. 0140	20. 93	1. 0160	23. 56	1. 0180
18. 43	1. 0141	21. 06	1. 0161	23. 69	1. 0181
18. 57	1. 0142	21. 19	1. 0162	23. 82	1. 0182
18. 69	1. 0143	21. 33	1. 0163	23. 95	1. 0183
18. 82	1. 0144	21. 46	1. 0164	24. 08	1. 0184
18. 96	1. 0145	21. 58	1. 0t65	24. 22	1. 0185
19. 09	1. 0146	21. 72	1. 0166	24. 34	1. 0186
19. 22	1. 0147	21. 85	1. 0167	24. 47	1. 0187
19. 35	1. 0148	21. 98	1. 0168	24. 61	1. 0188
19. 49	1. 0149	22. 11	1. 0169	24. 74	1. 0189
19. 61	1. 015	22. 25	1. 017	24. 87	1. 019
25. 00	1. 0191	27. 63	1. 0211	30. 25	1. 0231
25. 14	1. 0192	27. 75	1. 0212	30. 37	1. 0232
25. 26	1. 0193	27. 89	1. 0213	30. 51	1. 0233
25. 39	1. 0194	28. 03	1. 0214	30. 64	1. 0234
25. 53	1. 0195	28. 15	1. 0215	30. 77	1. 0235

续表

盐度	比重	盐度	比重	盐度	比重
25.66	1.0196	28.28	1.0216	30.90	1.0236
25.79	1.0197	28.41	1.0217	31.03	1.0237
25.91	1.0198	28.55	1.0218	31.17	1.0238
26.05	1.0199	28.68	1.0219	31.29	1.0239
26.18	1.020	28.80	1.022	31.43	1.0240
26.31	1.0201	28.94	1.0221	31.56	1.0241
26.45	1.0202	29.07	1.0222	31.69	1.0242
26.58	1.0203	29.07	1.0223	31.82	1.0243
26.71	1.0204	29.33	1.0224	31.94	1.0244
26.83	1.0205	29.46	1.0225	32.09	1.0245
26.97	1.0206	29.60	1.0226	32.21	1.0246
27.11	1.0207	29.72	1.0227	32.34	1.0247
27.23	1.0208	29.85	1.0228	32.47	1.0248
27.36	1.0209	29.98	1.0229	32.60	1.0249
27.49	1.0210	30.12	1.0230	32.74	1.0250
32.86	1.0251	35.48	1.0271	38.08	1.0291
32.99	1.0252	35.61	1.0272	38.22	1.0292
33.13	1.0253	35.73	1.0273	38.35	1.0293
33.26	1.0254	35.87	1.0274	38.48	1.0294
33.39	1.0255	36.00	1.0275	38.6	1.0295
33.51	1.0256	36.13	1.0276	38.73	1.0296
33.65	1.0257	36.26	1.0277	38.87	1.0297

续表

盐度	比重	盐度	比重	盐度	比重
33. 78	1. 0258	36. 39	1. 0278	39. 00	1. 0298
33. 91	1. 0259	36. 52	1. 0279	39. 13	1. 0299
34. 04	1. 0260	36. 65	1. 0280	39. 25	1. 0300
34. 17	1. 0261	36. 78	1. 0281	39. 38	1. 0301
34. 56	1. 0262	36. 91	1. 0282	39. 52	1. 0302
34. 70	1. 0263	37. 04	1. 0283	39. 65	1. 0303
34. 31	1. 0264	37. 18	1. 0284	39. 78	1. 0304
34. 43	1. 0265	37. 30	1. 0285	39. 90	1. 0305
34. 83	1. 0266	37. 43	1. 0286	40. 04	1. 0306
34. 96	1. 0267	37. 56	1. 0287	40. 17	1. 0307
35. 08	1. 0268	37. 69	1. 0288	40. 30	1. 0308
35. 21	1. 0269	37. 83	1. 0289	40. 43	1. 0309
35. 35	1. 0270	37. 55	1. 0290	40. 53	1. 0310
40. 68	1. 0311	41. 08	1. 0314	41. 46	1. 0317
40. 81	1. 0312	41. 20	1. 0315		
40. 95	1. 0313	41. 33	1. 0316		

附录二

海水水质标准（GB3097—82）

海水水质的分类与标准　按照海水的用途，海水水质可分为三类：

a. 第一类适用于保护海洋生物资源和人类的安全利用（包括盐场、食品加工、海水淡化、渔业和海水养殖等用水），以及海上自然保护区。

b. 第二类适用于海水浴场及风景游览区。

c. 第三类适用于一般工业用水、港口水域和海洋开发作业区等。

各类海水水质标准列于表（1）和表（2）。

（1）海水水质要求

	第一类	第二类	第三类
悬浮物质	人为造成增加的量不得超过 10 mg/l	人为造成增加的量不得超过 50 mg/l	人为造成增加的量不得超过 150 mg/l
色、臭、味	海水及海产品无异色、异臭、异味		海水无异色、异臭、异味
漂浮物质	水面不得出现油膜、浮沫和其他杂质		水面不得出现明显的油膜、浮沫和其他杂质
pH 值	7.5～8.4	7.3～8.8	6.5～9.0
化学耗氧量	<3 mg/l	<4 mg/l	<5 mg/l
溶解氧	任何时候不低于 5 mg/l	任何时候不低于 4 mg/l	任何时候不低于 3 mg/l
水温	不超过当地、当时水温 4 ℃		——
大肠菌群	不超过 10 000 个人（供人生食的贝类养殖水质不超过 700 个/1）		

续表

	第一类	第二类	第三类
病原体	含有病原体的工业废水、生活污水须经过严格消毒处理，消灭病原体后，方可排放		
底质	砂石等表面的淤积物不得妨碍种苗的附着生长。		
	溶出的成分应保证海水水质符合表（1）、表（2）的要求		
有害物质	应符合表（2）规定的最高容许浓度要求		

（2）海水中有害物质最高容许浓度

序号	项目名称	最高容许浓度（nag/l）		
		第一类	第二类	第三类
1	汞	0. 000 5	0.001 0	0.001 0
2	镉	0.005	0.010	0.010
3	铅	0.05	0.10	0.10
4	总铬	0.10	0.50	0.50
5	砷	0.05	0.10	0.10
6	铜	0.01	0.10	0.10
7	锌	0.10	1.00	1.00
8	硒	0.01	0.02	0.03
9	油类	0.05	0.10	0.50
10	氰化物	0.02	0.10	0.50
11	硫化物	按溶解氧计		
12	挥发性酚	0.005	0.010	0.050
13	有机氯农药	0.001	0.020	0.040
14	无机氮	0.10	0.20	0.30
15	无机磷	0.015	0.030	0.045

注：无机氮和无机磷为防止暖流内湾海域产生“赤潮”的限制值：海水中放射性物质应符合 GBJ8－74《放射防护规定》中露天水源的限制浓度。

附录三

渔业水质标准（mg·L－l）（GB 11607—89）

项目序号	项目	标准值
1	色、臭、味	不得使鱼、虾藻类带有异色、异臭、异味
2	漂浮物质	水面不得出现明显油膜或浮沫
3	悬浮物质	人为增加的量不得超过 10，而且悬浮物质沉积于底部后，不得对鱼、虾、贝类产生有害的影响
4	pH 值	淡水 6.5～8.5，海水 7.0～8.5
5	溶解氧	连续 24 小时中，16 小时以上必须大于 5，其余任何时候不得低于 3，对于鲑科鱼类栖息水域冰封期其余任何时候不得低于 4
6	生化需氧量（五天、20 ℃）	不超过 5，冰封期不超过 3
7	总大肠菌群	不超过 5 000 个/L（贝类养殖水质不超过 500 个/L）
8	汞	≤0. 000 5
9	镉	≤0.005
10	铅	≤0.05
11	铬	≤0.1
12	铜	≤0.01
13	锌	≤0.1
14	镍	≤0.05
15	砷	≤0.05
16	氰化物	≤0.005
17	硫化物	≤0.2
18	氟化物	≤1.0

续表

项目序号	项目	标准值
19	非离子氨	≤0. 02
20	凯氏氮	≤0. 05
21	挥发性酚	≤0. 005
22	黄磷	≤0. 001
23	石油类	≤0. 05
24	丙烯蜻	≤0. 5
25	丙烯醛	≤0. 02
26	六六六（丙体）	≤0. 002
27	滴滴涕	≤0. 001
28	马拉硫磷	≤0. 005
29	五氯酚钠	≤0. 01
30	乐果	≤0. 1
31	甲胺磷	≤1
32	甲基对硫磷	≤0. 000 5
33	呋喃丹	≤0. 01